富士山噴火の歴史

万葉集から現代まで

都司嘉宣

築地書館

はじめに

富士山はいま、火山としての活動をまったくやめている。静岡県や山梨県など富士山を間近に見る人たちにとっても、富士山は雄大な、そして静かな山なのである。そこに住む人たちのお父さんお母さんの小さいころも、さらにおじいさんおばあさんの小さいころもやはりそうであった。宝永の噴火（一七〇七年）はさておき、富士は昔から、ほかの大部分の山とおなじように噴煙のない静かな山でありつづけた。そのように思っている人も多いであろう。富士が噴煙をあげて火山活動をしていたころの記憶を、家の古老からの聞き伝えで知っている人は、いまはまったくいないのではないだろうか。

ところが日本人ならだれでも知っている有名な話のなかに、噴煙をあげている富士を語っているものがある。それは「かぐや姫」で有名な『竹取物語』の最後の部分である。かぐや姫からもらった不老不死の薬を、日本でいちばん高い山の頂上で焼いた。それで、その山は富士（不死）の山というようになった。そして「それ以来、今にいたるまで富士の頂上には煙があがりつづけているのだ」。

三歳の子供でさえ絵本で読んで知っている、この話の結末は、子供たちにひとつの疑問を抱かせるのではないだろうか。「だって、富士山に煙なんてあがってないじゃないか?」。この子供たちの疑問にたぶん親たちは「昔は煙があがっていたことがあったのさ」と答えるだけですましてしまうであろう。しかしそう答えた親たちもまた、富士は昔、ほんとうに噴煙をあげていたことがあったのか、それはいつのことかと訊かれたら、おそらく窮してしまうにちがいない。

それならば、そのおなじ疑問を、火山の研究に日夜努力を傾けている火山学の専門家に向けてみたら? ……専門の火山学の先生も意外なほど「富士が静かに噴煙をあげていた時代」をご存じなかった。

「かぐや姫」はあまりにも有名な話であるが、ではそのほかの古典文学では富士の噴煙についてどう語られているだろうか? この疑問から出発して、この本が生まれた。『万葉集』にはじまって、『古今和歌集』『新古今和歌集』『金槐《きんかい》和歌集』などの奈良・平安・鎌倉時代の和歌集、さらに、江戸時代の俳句集まで、さまざまな人が富士を詠みこんでいる。富士の噴煙は、奈良、平安、鎌倉、南北朝、そして江戸時代の初期まで、和歌、紀行文などの文学作品のかたちで、連綿と語られつづけてきた。各時代に生みだされた文学作品に現れる富士の姿を、ひとつじっくりみていくことにしよう。

改訂版出版にあたって

一九九二年に本書の初版を刊行して二一年が経過した。根強い読者に支えられて、幸いにも第三版まで版を重ねることができた。また火山学を専門とする各位から学術論文にも引用され、火山学研究に貢献できたことも筆者にとってたいへんうれしいことであった。二〇一一年の東日本太平洋沖地震は、マグニチュード九・〇という、千年に一度しか起きないような超巨大地震が発生し、富士山はじめ各地の火山の活動に影響が及んだ。今年、富士山が世界遺産に登録され、登山者も急増するなど、にわかに富士山がブームとなった。また、新たに調べていくうちに、北斎の浮世絵の中に富士の噴煙を描いたものがあることを見つけることができた。そこで、新たな知見を盛り込んだ章を加え、ここに改訂版を出すこととした。読者の「知るは楽しみなり」のご要望にお応えできれば幸いである。

なお第四〇話で述べた千年以上の歴史のある須山口、村山口の両登山道は、本書の初版の出版時には全く雑草倒木、落石の中に廃滅して人の通れる道ではなかったが、平成の年代に入ってその復興の努力がなされ、両道とも通れるようになった。この改訂版出版の直前、この復興した両方の道に出かけ歩いてみた。両道とも倒木もかたづけられ快適な林の中のしっかりした登山道となっていた。今はまだ一般の富士登山ガイドブックには取り上げられていないが、一合目の下から樹林の中の深い歴史の両登山道をたっぷり楽しみたい登山者には、おすすめである。

両道の復興におしみなく労を寄せられた地元の各位に敬意を表したい。

目次

富士山噴火の歴史——万葉集から現代まで

◉第一話

地震や火山活動の研究と古文書史料

地震や火山噴火の研究手段のかなり重要なもののひとつに、過去の地震活動や火山活動の履歴を調査するという分野がある。わが国で、近代的な学術研究の一分野として、これらの観測がなされはじめるのは、明治の二〇年代（一八八七―九六）以後のことである。このころ、全国の各郡の郡役所などには器械ではなく、体感による有感地震の専業の地震観測者が組織的に配置されていたし、外国から大学に招聘《しょうへい》されたミルンやユーイングらの考案した地震計の祖先は、すでに日本列島上の数点に配置され、定常的地震観測業務に動員されはじめていた。しかしそれ以来、今日までの観測記録を全部ならべてみても、たかだか約一二〇年間の記録しかわれわれはもっていないのである。

東海地方・紀伊半島沖合海域に周期的に発生している、いわゆる東海沖の巨大地震の周期は一〇〇年あまりである。われわれは、近代の「地震学一二〇年」のなかに、この系列の地震は、昭和一九年（一九四四）一二月七日に起きた、東南海地震の一例しか記録例をもっていない。したがって、この系列の歴代の地震の共通の性質（地震の「くせ」とよばれる）は、わずかこの一例ではまったく議論することができない。それを議論するためには、近代的観測のはじまる以前の、江戸時代（一六〇三―一八六七）、あるいはそれより古い年代におきた地震の知識が不可欠である。

江戸時代は、記録の質、量ともそれ以前の時代とは画然としてすぐれている。徳川家康による江戸幕府の開設（一六〇三年）以後は、被害をともなったような地震の記録はすべて現在にまで残っているといえるほどである。ことに一七〇〇年前後の元禄・宝永期の寺子屋教育による識字率の急上昇によって、記録の量は急増する。東海地震の例でいえば、宝永四年（一七〇七）の宝永地震（マグニチュード八・七）と、安政元年（一八五四）の安政東海地震（同八・四）に関して発掘された古文書の全体量は、東京大学地震研究所から刊行された『新収日本地震史料』の活字本のページ数にして三〇〇〇ページをうわまわる。

古文書史料の重要性は、火山の活動の研究についてもいえるだろう。日本列島の各地にある火山の活動のような、地震ほどには明白に時間間隔の明らかでない現象の研究には、わずか一二〇年にすぎないデータの蓄積ではどうしようもないのである。

地震や火山活動に関する古記録を集める事業は、明治の終わりごろ、田山実によって編纂された『大日本地震史料』（一九〇四年）の一巻が、発足したばかりの震災予防評議会から刊行されたことによって、いちおうの完成をみた。この史料集は、史料を紹介した実質的な本文は約八〇〇ページであって、江戸時代以前の史料に関しては、朝廷の記録である正史の記事や貴人の日記などから組織的に採集しており、記事は充実したものであるといえるが、江戸時代に関しては全国にちらばる村々の庄屋たちの書き残した地方《じかた》の古文書の調査などはまったくおこなわれておらず、はなはだ不十分なものであった。

大正時代にはいると、全国的に「郡誌」の編纂がさかんとなった。これは、各郡の気象、地質、生物分布などの自然環境の記載に、政治、産業、宗教、文化、災害歴、兵事、方言などの人文的な記載を加えて、詳細に記述したものである。その基礎資料としては各町村の小学校の校長が学区単位にこれらの調査をしたものがもとになっていることが多い。森彦太郎による和歌山県の『日高《ひだか》郡誌』、あるいは静岡県の『磐田《いわた》郡誌』など、編集者自身が使命感をもって地方の史料を多数採録した名著とよぶにふさわしい郡誌がある。そして、それらの史料のなかに、地震や火山活動を述べる地方《じかた》の古文書が多数紹介されたのである。

昭和にはいって、地震学の泰斗、今村明恒《あきつね》教授の嘱託を受けて、当時高校の英語教師をしていた武者金吉《むしゃきんきち》は、これら全国の郡誌の記事をはじめとして、近世前期までのわが国の古典史料の集大成である塙保己一《はなわほきいち》による『群書類従』、およびその続編に集められた各史料などのなかから地震、火山噴火記事を多種発掘して、田山の『大日本地震史料』に新たにその約三倍の記事を加え、『増訂大日本地震史料』（全三巻）および『日本地震史料』（一巻）の全四巻の史料集を発刊した。この武者の地震史料集は、長く史料集の決定版として活用された。東京天文台の編集で、丸善から発行されている『理科年表』の地震の表と火山活動表は、基本的には、この武者の史料集にもとづいて作られている、といえる。

歴史地震の史料収集の事業とその後の史料集の刊行は、昭和二六年（一九五一）に武者の史料集の刊行が完結して以後、約三〇年間はほとんどおこなわれなかった、といってよい。昭和五四年から私が防災科学技術センターの業務の一環として、『東海地方地震津波史料』などの史料集を作り、そののち東京大学地震研究所の『新収日本地震史料』（全五巻、別巻補遺を含め二三冊分）の刊行が平成五年（一九九三）に完結して、さらに飛躍的に歴史地震の実態がくわしく知られるようになった。

しかしここ数年のうちに刊行されたこれらの史料集には、火山活動の記事は意識的に採録はみあわされており、天明三年（一七八三）の浅間山の大噴火など個別の火山活動の史料集をのぞいては、いまだ組織的な火山活動の古文書の集積は進んでおらず、約六〇年前に完成した武者の史料集をうわまわるものがないのが現状である。

富士の火山活動については十一回の噴火の記事が、武者の史料集に集められている（注：明白に偽書に由来する五個の記事はのぞいた）。一七〇七年の宝永噴火をのぞけば、平安時代前半まで古代の噴火活動がおもなものである。この十一回の噴火記事は、すべてが爆発的な火山活動の記事であって、火山灰、溶岩など噴出物によって、なんらかの被害をひきおこしたものである。これに対して『竹取物語』の話の末尾にあるような、「おとなしく噴煙をあげている富士」の記載は、武者の史料集にはひとつも収録されていないのである。

◉第二話

活火山富士

富士は、頂上付近ほど傾斜が急で、ほぼ円対称な裾野を周囲に引いた典型的な成層火山である。その雄大さと端正な姿をたたえて、古来、和歌や紀行文などの文学作品に数多く登場する。いうまでもなく富士は桜の花とならんで、日本のシンボルである。

富士が火山であることは常識であるが、それでは火山としての富士を火山学的な分類でいうとどうなるかをみておこう。

火山とは地下からマグマが噴出してできた山である。そのマグマに含まれる化学成分によって、さまざまな特徴ある火山の形が作り出される。マグマの性質は、含まれるケイ酸の割合によってほぼ決まる。ケイ酸というのは、ケイ素原子一個と酸素原子二個が化合してできた化合物で、化学記号は SiO_2 で表される。われわれがふつう目にするあらゆる「石」の主成分である。水晶はそのケイ酸分子が規則正しく結合した結晶のひとつの形であり、ガラスはケイ酸の中に少量のナトリウム、カリウムなどが含まれたものが不規則な構造で固化したものである。

火山岩をケイ酸の含まれる割合で分類すると、ケイ酸の量が六六パーセント以上の石は石英質安山岩とよばれ、白っぽい色をしている。ケイ酸の量がこれより少なく六六パーセント未満、五二パーセント以上の場合は安山岩とよばれ、やや色が黒っぽくなる。ケイ酸の含有率がこれよりもさらに少なく五二パーセント未満になると、玄武《げんぶ》岩とよばれ、色はさらに黒くなる。色が黒くなるのは、白いケイ酸が減った分だけ黒い酸化鉄、およびマグネシウムの割合が大きくなるからである。

ケイ酸の量の多い白い石は酸性石、少ない黒い石は塩基性石といわれることがある。これはあくまで石に含まれるケイ酸の含有量で分類した便宜的な言葉づかいであって、化学でいうリトマス試験紙で測られる液体の酸性、塩基性（アルカリ性）とはまったく意味が異なる。こんな誤解を生むような悪い言葉づかいを始めて、後世の人々を惑わすことにした犯人は、だれであろうか。

理科の時間にガラス細工の実験をしたことがある人も多いであろう。またテレビでガラス細工の光景が映しだされるのを見たことのある人も多いだろう。ガラスを薄く赤みがかった光を帯びてくるほどに強く熱すると、粘っこい水飴のようになる。

このことから類推されるように、ケイ酸の含まれる比率が多いほど粘りけの強いマグマになる。このような火山の噴出物は、火口から出てきて表面が冷やされた途端に、火口付近に餅のようなぼたっとした溶岩の塊を形成する。そのような溶岩は、鉱物名では、石英質安山岩とよばれ、白っぽい色をしている。島原半島の雲仙普賢岳の溶岩ドームはすっかり国民常識となったが、つまり、これが石英質安山岩の溶岩「餅」である。このような火山では、溶岩ドームの形成によって、後続のマグマの噴出が一時的に妨げられ、マグマのなかの水蒸気などの揮発成分の圧力が高められて、ついには強い爆発をおこすことがある。明治の磐梯《ばんだい》山の大爆発もまた、この山のマグマがケイ酸に富んでいたからおきたものである。またこのような火山では、比重の大きな高温のガスが急速に斜面を駆けおりる「火砕流」をひきおこすことが多い。つまりケイ酸の含有量の大きい、白っぽいマグマを多く噴出する火山は、「凶暴で怖い」のだ。

富士は幸いにもケイ酸含有率が少なく、鉄やマグネシウムに富んだ、さらさらして黒っぽい、玄武岩質のマグマが噴出することのほうが多い火山である。富士のほか、伊豆大島三原山や、三宅島なども同様である。このため、噴出したマグマは、ぼったりした溶岩の「餅」をつくることなく、なだらかな斜面にそって帯状に流下し、溶岩流を形成することが多い。北斜面のスバルラインにほぼ平行して走る剣丸尾《けんまるび》や、北東斜面の鷹丸尾《たかまるび》、出丸尾《でまるび》、さらに富士急行線の走る都留《つる》の谷間を流下して大月市猿橋《さるはし》に達する「猿橋溶岩流」も、このような流動性の高いマグマの噴出の産物である。

富士のマグマはさらさらしているといったが実際の流下速度は人間の歩行速度にくらべればかなり遅く、「逃げる暇もなくマグマの流れに追いつかれた」という状況がおきるわけではない。マグマがさらさらしているため、高圧となった水蒸気などの揮発成分のはげしい爆発もお

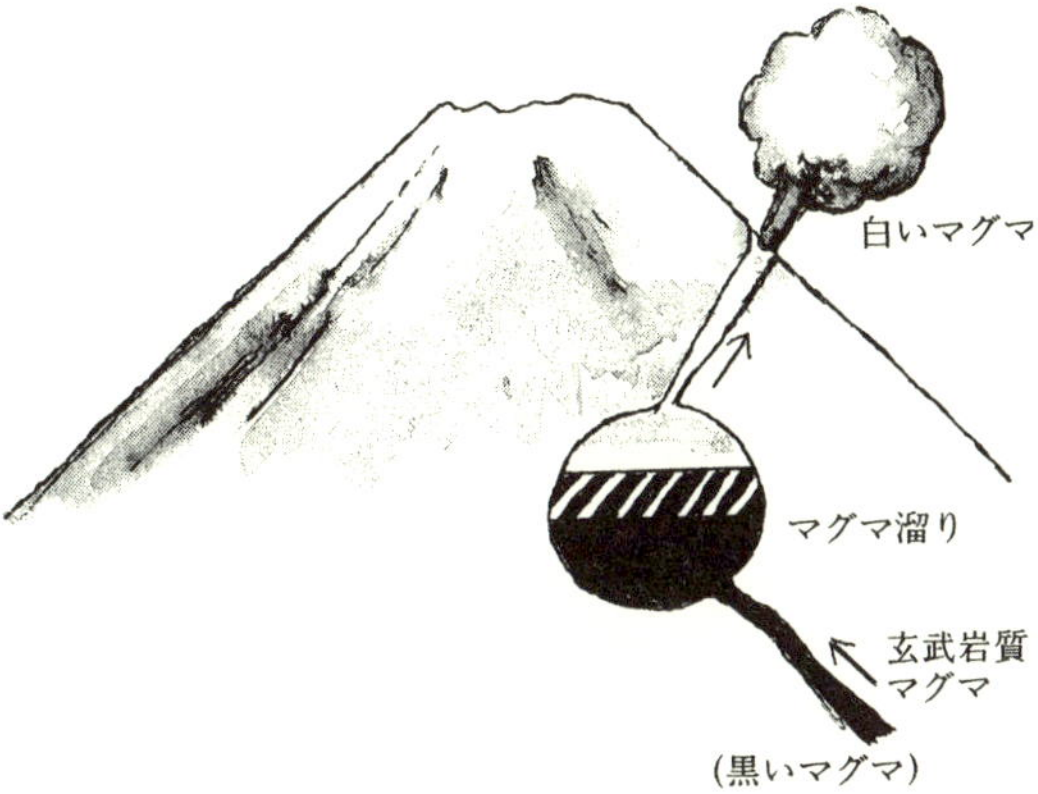

図1　宝永噴火（1707年）の模式図

きにくく、また火砕流もおきにくい。富士山の山体は、このようなさらさらした溶岩と、スコリアとよばれる黒っぽい粒子状の噴出物の堆積層が交互に積み重なったもので、成層火山の典型である。

それでは、富士はつねにケイ酸含有率の小さい、玄武岩質のマグマばかりを噴出してきた火山なのであろうか。どうもそうとばかりとはいいきれない。

ある時期の噴火からつぎの噴火までの火山活動の休止時間が長い場合には、地下のマグマ溜《だま》りのなかで、成分の分化がおきる。そうすると、地下の深いところからこのマグマ溜りにやってきたときには全体としてケイ酸の含有率が少なかったマグマも、マグマ溜りのなかの上のほうにケイ酸の濃い部分ができる。これが、つぎの爆発の際、真っ先に噴出物となって出てくる。このときばかりは、富士でさえも一時的に、ケイ酸の濃い白いマグマがまず吐きだされる。そして溶岩ドームが形成され、強い爆発がひきおこされるのである。その後は、ケイ酸量の少ない黒いマグマが後続して、本来の「おとなしい噴火」にもどる。

一七〇七年の宝永噴火は、ちょうどこのような過程をたどったのである。

例外的ではあるが、富士が白いマグマを噴きだした「凶暴な噴火」となったのは宝永のときだけではないことが知られている。富士の西斜面を深く削りとる大沢崩れのすぐ北側に二本の小さな火砕流の痕跡が残っている。これらは、富士がはるか昔に一時的に白いマグマの噴火をしたことがあることを示す証拠である。

◉第三話

富士の成り立ち

　ここでちょっと富士山の地質学的な成り立ちをみておこう。富士は地質学的にみればきわめて若い山であるということができる。端正な裾野を引いた円錐形の富士の山体のなかには、小《こ》御《み》岳《たけ》火山と古富士火山という二つの火山が隠されている。この二つの火山の上に、玄武岩質の溶岩と、玄武岩質の粒状の噴出物であるスコリアの層の多層構造からなる新富士が上から覆いかぶさったのがいま見る富士の姿である。

　小御岳火山の頂上は北斜面のスバルライン終点の河口湖口五合目（標高二三〇〇メートル）の小御岳神社のところである（注――北斜面河口湖口五合目には小御岳神社、東斜面須走口には古御岳神社がある。「こみたけ」と同音であるが別の神社である）。ここは、富士の北の斜面上にあって小さな突出部をなしているが、新富士のスカートの裾から、小御岳火山の頭がわずかにここで顔を出しているのである。小御岳もまた玄武岩に近い塩基性の安山岩の溶岩が層状に何枚も積み重なってできた山で、形成年代は富士の南に位置する愛鷹《あしたか》山とおなじく第四紀更新世（今から約二〇〇万―一万年前）のころと推定されている。小御岳火山が最後の火山活動を停止してから古富士火山の活動が開始するまで、長期（おおざっぱだが数万年）にわたる活動の休止期があった。

古富士火山は、今から約八万年前に小御岳火山の南斜面に噴火口を開いて活動を開始した。このときの噴火口の中心位置は、現在の富士頂上火口の直下であると推定されている。火山灰（テフラ）と溶岩がきわめてさかんに噴出して山体を成長させた。これらの活動にともない、富士の北東、東、南西の麓に泥流がしばしば流れだした。これらの泥流の年代を測定してみると、一万九〇〇〇―一万八〇〇〇年前のもの、一万六〇〇〇年前のもの、一万五〇〇〇―一万二〇〇〇年前のものを認めることができ、これらの時期に火山活動が活発であったことを示唆している。

いま見る富士山の「上着」にあたる部分は、新富士の火山活動によって形成されたものである。富士を頂上火口の真上から見て時計の文字盤の一一時方向（北北西）と五時方向（南南東）とには、数多くの側火山がならんでいる。南西面にも数は少ないがやはり側火山がある。これらはすべて新富士の火山活動の産物である。

新富士火山の形成は約一万一〇〇〇年前にはじまった。その後、今から約八〇〇〇年前までの第I期に、ケイ酸含有率の少ない流動性に富む玄武岩質の黒いマグマがひんぱんに流れだした。その全体量は、約四〇立方キロメートルである。これは一辺が三・四キロメートルの立方

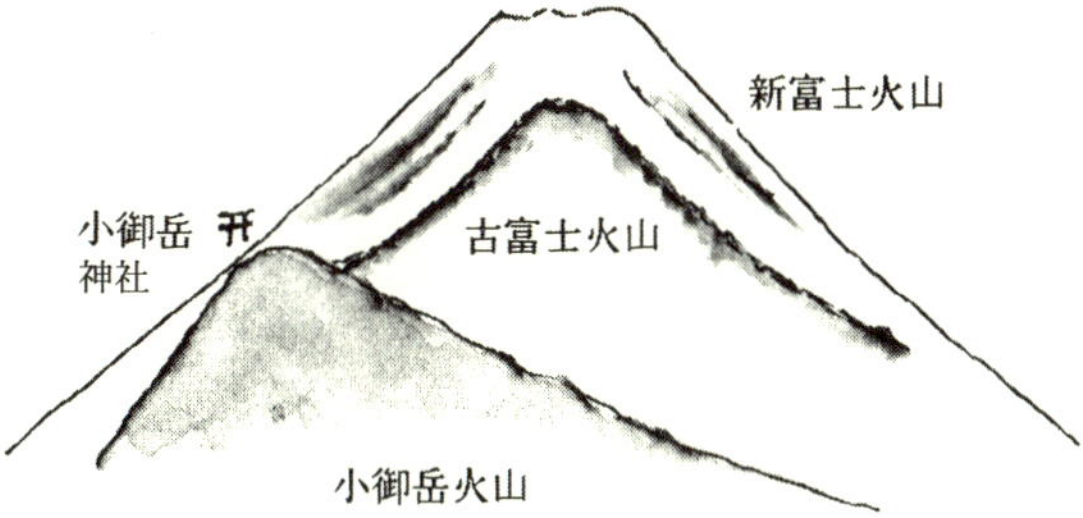

図2　富士の成り立ち

体のサイコロの体積に等しい。このわずか三〇〇〇年ほどのあいだに流出した大量の溶岩によって新富士の骨格はほぼ形成されてしまった。富士急行の走る都留市の谷筋を通って大月、猿橋に達する猿橋溶岩流や、南東に流れでて三島に達する溶岩流、さらに南西に流出して、富士市、あるいは白糸の滝に達する溶岩流はすべてこの時期の産物である。南西斜面の二子山（御殿場口旧三合目の双子山とは別の側火山）、南斜面の片蓋《かたぶた》山、北西斜面のイヌスズミの側火山はこの時期の産物である。この時期には火山灰（テフラ）の量はそれほど多くなかった。

第Ⅱ期（四五〇〇年前まで）にはいると、溶岩の流出はほとんど停止し、火山灰（テフラ）の噴出がつづいた。その総体積は〇・四立方キロメートルで、第Ⅰ期の流出溶岩の体積のわずか一〇〇分の一にすぎない。

第Ⅲ期（三〇〇〇年前まで）は、ふたたび溶岩が流出した時期で、約一五〇〇年のあいだに三立方キロメートルの溶岩を流出した。一一時、五時方向にならぶ側火山の多くはこの時期の産物である。溶岩流は頂上から北では本栖《もとす》湖や西《さい》湖に達し南斜面では愛鷹山系との鞍部《あんぶ》である十里《じゅうり》木《ぎ》に達する。

第Ⅳ期（二〇〇〇年前まで）は溶岩の流出量は少なく、そのかわり火山灰の噴出が多い（総量二・五立方キロメートル）時期であった。頂上火口だけではなく、北面の栈敷塚、南東面の浅黄塚、御殿場口旧三合目の二つ塚（双子山）などの側火山からの火山灰噴出もあった。

新Ⅴ期（二〇〇〇年以後）は歴史の時代である。富士の火山としての活動のようすが、地質学的証拠だけではなく文字のかたちで記載された文献からも知られる時期である。これまでの研究では、主として朝廷や時の支配者の手によって記述された文献を材料とすることが多かった。しかし、このような「堅い」公式的な記録以外に、われわれ現代人が文学の所産とみなしている和歌や、俳句、紀行文にも各時代時代の富士のようすを教えてくれる記述が数多くみられることに、二〇年ほど前私は気づいた。いったい和歌や紀行文に、どんなことが書いてあるのだろうか……これがこの本のメイン・テーマである。

新富士の形成が過去わずか一万年強の、地質の年代からいえばほんの一瞬にして完了したことは驚くべきことである。これは日本の歴史時代のわずか数倍にすぎない。富士がかつて大量の溶岩を出した時期があったという民族の記憶はなんとか残っていないだろうか？　エジプトの古王朝やメソポタミアの洪水伝説、インドのヴェーダやラーマーヤナ、中国の伏羲《ふくぎ》と女媧《じょか》、三皇五帝伝説など一万年前の事実を記憶している例があると思うのだが。ことに第Ⅲ期のいちじるしい溶岩の噴出は、十分日本の神話の時期と重なりあうと思うのだが。

◉第四話

富士の噴火歴

富士山のはなばなしい噴火の最新のものは一七〇七年一二月一六日（宝永四年一一月二三日）の有名な宝永の大噴火である。東海地方、紀伊半島、四国南方沖にわたる広域に大きな地震、津波の被害をもたらした宝永地震のわずか四九日後におきていることから、地震と噴火の両者が密接に関係していることは疑う余地がない。

富士山を南側から見ると、その中腹に大きな火口と、その東側に堤防のように突きでた峰が目にはいる。これは宝永の大噴火で生じた宝永火口である。このとき、噴出した火山灰（テフラ）は、卓越する西風によって東側に流され、須走《すばしり》付近で約三メートル、厚木や平塚で約三〇センチメートルの厚さに堆積した。

神奈川県の平野部では、宝永年間以後の年貢関係の古文書にしばしば「砂置き引」の文字が現れる。稲の耕作をつづけるために、このじゃまな火山灰を水田の隅に寄せ集めた。その分、その田の耕作面積が減るため、それに応じて租税を軽減する、という処置がとられたことを示している。

富士東麓では、宝永の火山灰堆積層物の下に、厚さ数センチメートルの腐葉土層をはさんで、暗褐色のスコリアの層が現れる。スコリアというのは石炭がらのような多孔質の火山放出物である。八〇〇年（延暦一九年）の噴火によるもので、このとき当時の足柄街道はスコリアで埋まり、新たに箱根路が開かれた。

御殿場の東北、小山町湯船原《ゆふねばら》や、平塚市の湘南平山の北に広がる台地の地層面を見ると、宝永テフラ、延暦スコリアの下にいく枚もの富士山のスコリア層が積み重なっており、富士が歴史の時代よりも古くから、大きな噴火をくり返してきた跡をたどることができる。関東平野を広くおおう関東ローム層とよばれる赤土の厚い層の一部もまた、富士の長い年月にわたる噴出物によってできたものである。

富士の噴火は宝永噴火のときのように火山灰をはなばなしく噴出する場合と、火山灰はたいしたことはなく、溶岩を流出することがある。たとえば、八六四年（貞観六年）の北方斜面の噴火は後者の溶岩流出の例である。このときは、北西斜面の青木ヶ原の溶岩が噴出して「せの海」が西湖《さい》と精進湖《しょうじ》に分かれた。貞観噴火の記事は当時の朝廷の「正史」である『日本三代実録』（以下『三代実録』と呼ぶ）に詳細に記録されている。

以上総括すれば、富士は古代八世紀から一〇世紀ころに噴火活動が活発な時期があり、その後、小規模な噴火はあっても概して平穏な時期が長くつづいて、一七〇七年の宝永の噴火を迎え、その後ふたたび静かになった。

ところで、これらの噴火の年以外は、火山活動をまったく停止して現在とおなじような、噴煙をあげることもなく静かな山でありつづけたのであろうか。

武者の『増訂大日本地震史料』にもとづいて、富士の噴火年表をつくると、表1のようになる。貞観、宝永の二大噴火を含めて、全部で十一回の富士の噴火があったことになる。丸善から毎年発行されている『理科年表』の富士の噴火年次の表も、完全に武者の史料によっており、したがってこの表とまったくおなじものである、といってよい。

ところで、以上のいきさつから明らかなように、この表の江戸時代以前の部分は主として「正史」、つまり日本列島の支配者の統治の記録から採録されたものである。したがって、火山噴出物による農作物の被害を生ずるとか、統治上、あるいは軍事上の興味を直結した道路埋没などのことがらは記録として残されやすかったであろう。しかしこのような経済上、あるいは統治上の利害に無関係なことがらについては、たとえ当時の人に気づかれるようなことがらであっても「正史」には記録に残りにくかったと思われる。たとえば、静かに噴きあげる噴煙の有無のような、当時の支配者にとって、損にも得にもならないことがらは、「正史」の記録者の興味外であったのではないだろうか？

いっぽう、現在の火山学上の興味は、噴煙を含む火山活動の有無である。たとえば、現在の浅間山は穏やかに噴煙をあげている。明らかに浅間山は火山活動を休んでいるわけではない。

表1　武者金吉編『増訂大日本地震史料』（全三巻）に採録された史料によって作成された富士の噴火活動の年表。

西暦	文献名	事項
七八一	続日本紀	富士山灰ふり木葉枯れる
八〇〇－八〇一	日本後紀	黒煙、夜火光天照、声如雷、降灰足柄道を埋む
八六四	三代実録	「貞観噴火」。溶岩北麓「せの海」を埋める
九三七	日本通記など	甲斐国司云、富士山神火埋大海
九九九	本朝世紀	此頃、富士御山焚
一〇三三（一二五）	日本紀略	富士山火起、自峰至山脚
一〇八三－一一一五	扶桑略記	富士山焼燃、怪しきなり
一五一一	妙法寺旧記	富士山鎌岩焚
一五六〇	日本災異史	富士山噴火
一七〇〇	日本災異史	富士山噴火
一七〇七（一一一六）	文献多数	「宝永噴火」、宝永地震の49日後、宝永山生ず

（注）この表の外に、西暦八二六年、八七〇年、九三二年、一〇一七年に噴火があったとする年表があるが、この五個の噴火記録はすべて近代に偽作された文献にもとづくものである。

当然、浅間山は活発な活火山であると火山学者たちは認識している。では、表1に載せられた噴火のあった年以外の年の富士山は、いったい現在とおなじ休火山だった、と考えてよいのだろうか？　それとも静かに噴煙を噴きあげる日々が続く状態であったのであろうか？　なにかこの区別を知る手だてはないのであろうか？　明らかに「正史」は、この問いに答えるのには不適切な史料なのである。つまり、『理科年表』にも載せられた表1は、過去のある時代に富士が活火山であったか否かには、十分には答えてくれないのである。

◉第五話

第一証人・かぐや姫は語る

富士山は今、まったく噴煙もあげず、地熱の痕跡もなくほとんど完全に火山活動を休止している。毎日近くに富士を見て育った人も、祖父母から「昔、富士は噴煙をあげていた」などという直接体験を聞いた人はまずいないであろう。現代人にとって富士は、他の多くの山とおなじく噴煙をあげない、その意味で平凡な山のひとつにすぎないであろう。

ところが、日本人ならだれでもよく知っている物語のなかに、噴煙をあげる富士をテーマとした話がある。ほかならぬ、かぐや姫で有名な『竹取物語』の末尾である。

有栖川宮《ありすがわのみや》家伝来本『竹取物語』（新潮日本古典集成）によれば、この物語の最後の場面は、つぎのようである。

帝《みかど》は、月にもどるかぐや姫がくれた不老不死の薬を、かぐや姫にあてた手紙とともに天にいちばん近い山で燃やすように望まれた。そのとき富士へ使いとしたのは「調石笠《つきのいわかさ》」であって、彼は多くの武士を率いて山へ登った。だからその山は「士《さむらい》の富む山」、つまり「富士山」といい、そして今も煙が絶えないのだ。「その煙、いまだ雲の中へ立ち昇るとぞ、言ひ伝へたる」という文を最後としてこの物語は終わっている。つまり、ここにいたって「昔」の物語と「今」の現実とのかかわり合いが語られるのである。

実はこの末尾、二重の洒落《しゃれ》になっていて、不老不死の薬を焼いたから「不死の山」というのだと聞き手に解釈させるようにわざとしむけておいて、最後に別の洒落で落とすという作者の「うらぎり」ないし「いたずら」の意図がある。なお『海道記』のなかの『竹取物語』を説明する箇所では、ここまでひねっておらず、「不死」のほうを採っている。

この最後の場面は落語の「洒落落ち」に等しいものであろう。つまり、いくら古代の素朴な聞き手だって、富士山の噴煙がほんとうにかぐや姫の残した薬の燃える煙だなどと信じるわけがなく、ここで聞き手たちは「なにをバカなことを」とドッと笑い出すようになっているのである。『竹取物語』の話そのものには「竹から女の子がうまれた」「娘が月にいった」などと、科学的には合理的な理解ができない話が含まれてはいる。しかし、この物語がこのようなかたちで語られ始めたころ、富士山が噴煙を出す山でなかったら、この話の結末が洒落にもなんにもならないのは明白である。つまりこの話が（厳密にはこの話の結末部が）つくられたころ、富士山は絶えず穏やかに噴煙をあげる活火山であった。この点に関しては、この話を科学的な考察材料として利用するのは正当であろう。

つまり、かぐや姫の物語は、古い時代に富士山が噴煙をあげていた、そしてそのことが当時

図３　かぐや姫の伝説をつたえる「竹取塚」。静かな竹林の中にある。　＝富士市比奈。

の京の都の子供たちでさえよく知っている常識であった、そんな時代がたしかにあったことを、われわれに告げているのである。

「かつて富士山が静かに噴煙をあげていた時代がたしかにあった」。この貴重な証言をもたらしてくれたかぐや姫の身元を割りだしてみることにしよう。かぐや姫の話はいつごろ語られ始めたのであろうか。

『竹取物語』について紫式部は『源氏物語』（一一世紀はじめ成立）の「絵合《えあわせ》」の巻のなかで「物語の出で来はじめの祖《おや》」とよんでいる。この証言の主、紫式部は寛弘四年（一〇〇七）ころに一条天皇の中宮彰子に仕えはじめ、このころすでに『源氏物語』の少なくとも一部はすでに世に流布していた。そして、そのなかで「物語の祖」といっているのだから、その成立年は寛弘四年をさかのぼることは確実である。しかも、「祖」というのだから、『竹取物語』を手本として形式をまねた他の「物語」まで世に現れ、流布していて、文学作品のひとつのジャンルが確立しつつある、ということまで、紫式部は証言していることになるであろう。そうなるまでにはとても一〇年や二〇年の時の経過では足りないであろう。この考察から『竹取物語』の成立は寛弘四年よりそうとう年がさかのぼりうることが知られる。

仮名の成立、用語の分析その他の考察から、この物語の成立の下限は昌泰三年（九〇〇）ころとされる。この年のころ、われわれが現在見るかたちの『竹取物語』がすでに成立していたのであろう。

新潮日本古典集成本の『竹取物語』の解説にしたがって、こんどは成立の上限を推定してみよう。『竹取物語』は人名が非常に律儀に書かれた物語で、しかも登場する人が、みな実在の人物であったことが指摘されている。『竹取物語』の本文を読んでみると、かぐや姫に求婚した五人の貴人のひとり「大伴の大納言」の失敗をからかっている話が出てくる。いっぽう、現実の権力者であった大伴の大納言・善男が失脚したのは、応天門の変（八六六年）のときであるから、『竹取物語』の成立はこれ以後と考えられる。大伴の大納言が現実に実権をもっているときに、その名誉とならない話はつくられにくい、と考えられるからである。

けっきょく、『竹取物語』の成立は八六六—九〇〇年のあいだと考えるのが妥当であることになる。したがって、かぐや姫の話の結末部に出てくる「今も噴煙をあげる富士山」の「今」とは、具体的には九世紀後半をさしていることになる。

というわけで、われわれは、「九世紀後半、富士山は噴煙をあげていた」ことを知る。しかもそれだけではない。この当時の人にとって、「噴煙があるのは『今』だけ噴煙があるといっているのではない。昔から今までずうっとそうなのだ」ということも同時に主張していることになるであろう。

『竹取物語』の五人の貴人の求婚と、おのおのが難題を課せられて失敗する部分は、チベット族の民話、「斑竹姑娘」ときわめてよく似ており、『竹取物語』の全体が九世紀に日本で純粋に独創されたものではないことは明らかである。しかしこのことは上の議論に影響を与えるものではない。説話は伝播先の自然環境・風俗を反映して新たな要素を加え、発展するのが常だからである。

野口元大は、「斑竹姑娘」の発見のいきさつについて、興味深い話を『竹取物語』の解説に載せている。この『竹取物語』の五人の貴公子がかぐや姫に求婚する部分は、約七〇年前、柳田国男によって、「この部分こそ他の類似説話には見られない部分であって、この物語を最終的に完成した人の独自の発想によるものだ」と唱えられ、長くこの見解が国文学界の定説となった。ところが一九六一年に中国上海で『金玉鳳凰《きんぎょくほうおう》』という長編説話のひとつとして、中国四川・雲南両省を流れる金沙水《チンシャーシュイ》の流域に住むチベット族に伝わる「斑竹姑娘」が紹介された。

この中国語で書かれた説話が、『竹取物語』の五貴公子の求婚話に似ていることを発見したのは大学の一女子学生で、彼女の卒業論文のかたちで指摘されたものであった。そしてひとたびこの発見が公表されるや、いく人もの専門家がこの説話の周辺の探索活動をおこなった。しかし、けっきょくはこれら専門家による努力はひとつも報われることがなく、この女子学生の功績につけ加えられるべきものはなにひとつなかった、という。この女子学生は百田弥栄子氏（現在、中日文化研究所教授）。中国語原文と彼女による訳文、解説に関するくわしい議論が上述の『竹取物語』に載せられている。ところでこの「斑竹姑娘」の発見のいきさつ、かぐや姫の話それ自身になんとなく似ていると思いませんか。

◉第六話

証人・菅原孝標の女

古い時代に富士は噴煙をあげていた時期があった。このことを立証してくれる有名人が、かぐや姫のほかにもうひとりいた。高校の古文の時間にかならずとりあげられる『更級《さらしな》日記』の筆者、菅原孝標《すがわらのたかすえ》の女《むすめ》である。平安時代の人なので本人の名前がわからないのは残念である。

お父さんの菅原孝標は菅原道真《みちざね》の五世の孫で、上総《かずさ》国（千葉県）が任国であった。彼女のお母さんの姉さんは『蜻蛉《かげろう》日記』の作者である。つまり彼女は両親とも文学で名をなした家柄であった。彼女自身、若いころ『源氏物語』を読みふけっていた時期があったという。『更級日記』は彼女が一三歳のとき、お父さんとともに京にもどるときの東海道の旅行日記ではじまっている。千葉県市原市にあった上総国府を出発したのが寛仁四年（一〇二〇）の九月三日。途中の日付は書かれていないが、一〇月三〇日に三河八橋《やつはし》（現、愛知県知立市）に泊まっている。その途中駿河《するが》国（静岡県中東部）で間近に富士を見ている。その記載はつぎのようである。

富士の山はこの国（駿河）なり。……山のいただきのすこしたひらぎたるより、煙は立ちのぼる。夕暮れは火のもえたつも見ゆ。

これによると、一〇二〇年九月の終わりか一〇月のはじめのころに、富士山が噴火していて、日没後には炎まで見えたことが、証言されている。他地方で詠まれた和歌とは異なり、富士山を間近に見た人の直接証言であって、観察された年、時節、いずれも疑問点がない。日が暮れて空が暗くなると、富士の頂上には噴火の炎が立ちのぼっているのが麓から観察された。

火山学でいう火映《かえい》の現象が、一三歳の少女の手によってズバリと記載されている。

一九八六年の年末の伊豆大島三原山の噴火のとき、新たに開いた火口から暗闇のなかにあかあかと炎をあげる激しい火山活動がテレビの画面にも映された。また、一九八九年の一〇月八日から一〇日にかけて、熊本大学教養学部で火山学会の発表会があったとき、たまたま阿蘇山の活動が活発となり、『熊本日日新聞』の第一面に火口の近くに接近して火映の現象が見られたことが鮮やかな写真入りで報道された。一〇日夜から一一日は、阿蘇の火口の見学会があったが、天候にも恵まれず火映までは見られなかった。一九九一年六月以後、雲仙普賢岳の噴火が活発となって火映現象はしばしばテレビで報道されるようになった。このことからわかるように、火映という現象は、現在の阿蘇山、浅間山、大島三原山のような活火山でも、よほど活動が活発な時期にしか見ることができないものである。火映が見えるときというのは火山活動の最盛期に近いということを示している。

菅原孝標の女は東海道の宿駅から富士の頂上を見ている。もっとも近い宿駅として吉原《よしわら》付近を彼女の観察地点としたら、そこから富士頂上火口までは、わずかに約二〇キロメートルの距離である。一〇二〇年の秋は、富士はきわめて活発な火山活動期のさなかにあったのである。熊本でいく人かの人に聞いてみたが、受験生のおそらく半分は知っているであろう、この富士の噴火記事は、意外なほど火山研究者たちには知られていなかった。

◉第七話

神話のなかの富士

神話のなかの富士の話をしよう。神話というと『古事記』である。富士は日本列島一の山ならば、日本最古の書物である『古事記』にも、あの富士山がこうごうしく現れていてもよさそうなものである。ところが意外なことに富士は『古事記』にはまったく出現しない。安本美典の『高天原の謎』（講談社現代新書）などによると、『古事記』に登場する地名はおもに北部九州であって、出雲《いずも》がこれに次ぐ。そしてこの二地方が神たちが具体的な行動をする場所であるという。『古事記』の神話の地名の東限は佐渡と越《こし》の国（新潟県）と諏訪湖である。これでみるかぎり、『古事記』の神々の本拠は北部九州にあり、出雲とは密接な関係にあり、まれに近畿、越後、諏訪へ出かけ、あるいは交渉をもつことがある、ということになる。いうまでもなく『古事記』は近畿天皇家（現在の天皇家の祖先）とそれを包みこむ人たち（倭族《わぞく》）が政治的な意図をもって伝えてきた書物である。してみると『古事記』の神話の時層では、倭族の祖先の直接支配領域は北部九州にとどまっていた段階である、ということになろう。そのころ『古事記』の神話を支えた倭族の活躍舞台のなかに、富士山はまだはいっていなかったのである。『古事記』のなかで、話題がこの東限より東にいくのは、一〇代目の崇神《すじん》天皇の代のことである。そして『古事記』が人の世の話に移っても富士山はついに登場しないのである。いや神話どころではない、『日本書紀』にすら、神話の部分、天皇紀の部分を通じて、富士山はまったくその姿を現さないのである。

日本列島には倭族の勢力の外にもいくつかの神話の体系があった。そのような倭族以外の神話の断片のひとつが『常陸国風土記《ひたちのくにふどき》』筑波郡の条にあって、富士山も登場する、つぎのような話である。

古老がいう。昔、祖神尊《みおやのかみのみこと》(いちばん偉い神を意味する固有名詞、「ジュピター」)が各地の神様のもとを順に訪問したことがあった。駿河国の富士山の神のところへ行って一夜の宿を申し込んだが、今夜は新嘗《にいなめ》の祭りの日で泊めるわけにはいかない、とことわられてしまった。そこで祖神尊は筑波の神のところへ行ったところ、筑波山の神は、今夜は新嘗の祭りの夜だけれどもせっかくいらっしゃったんですからと、ご馳走や酒をだしてあたたかく祖神尊をもてなした。そこで、祖神尊は薄情者の富士山に、おまえは夏も冬も雪が降り、寒くてだれも登らずだれからも食べ物のお供えもされぬ山になれ、といったのに対し、筑波山にはつねに男女が楽しく食べ物、飲み物をもって集まり歌う山となるだろう、と祝福した。

静岡県、山梨県の人には気の毒であるが、常陸国(茨城県)の神話では富士山の神は薄情者扱いされている。この神話は、私には小学生の男の子たちのたわいないののしりあいとおなじ息吹きを感ずる。おまえのとうさん○○だ。静岡県、山梨県の古代人も当然、常陸国とも倭族とも異なる神話をもっていた。その神話では、富士はこんなケチンボな神様ではなく、立派な堂々たる神であったはずである。あるいは噴煙をたたえた話があったかも知れない。その神話はたいへん残念なことに今に伝わることがなかった。(以上はおもに、古田武彦氏のご教示による。ほんとうに富士の噴火をたたえる神話がまったく現代に伝わっていないのだろうか。これについては後に触れる)。

富士は年中雪のある山、このことは駿河国の「風土記逸文」にも書かれている。「富士の雪は夏の盛りの六月一五日(旧暦)に消え、その日の真夜中にもう初雪が降るのだ」。常陸の風土記はかなり完全なかたちで現在まで伝わったのに、駿河国には風土記はわずかの逸文(他書引用文)しか伝わらなかった。駿河の文学歴史を研究する人は非常に残念に思う。そして富士の火山の歴史を探求する私もまたたいへん残念に思う。

常陸国は出雲《いずも》、播磨《はりま》、豊後《ぶんご》、肥前《ひぜん》の四国とともに現代まで古代の風土記の本文に残った国である。そのなかには、天照大神にはじまる倭族の神話とまったく体系の異なる神々の神話の断片が記されている。日本列島には、琉球とウタリ(アイヌ)以外にも、『古事記』『日本書紀』の神話とは結びつかない、別種の神がいたのである。

ここに紹介した富士と筑波山の神話からもわかるように、筑波山の神は男女の仲をとりもつ

図4　富士山を薄情者扱いした常陸の神話。逆に、古代、男女がにぎやかに集まったと言われる筑波山。（つくば市役所提供）

神である。『常陸国風土記』には、この話のほか筑波山の「歌垣《うたがき》」の話が出てくる。また『万葉集』の一七五七番から一七六〇番までの四首にも筑波山と「歌垣」が詠まれている。収穫の終わるころ、男女が筑波山に登ってにぎやかに輪になり、歌をうたい踊りをおどる。そして男女は好きな相手を見つけるのである。この日ばかりは身分その他のタブーを乗り越えて、求愛してよいのだ。筑波の神さまも公認なのだぞ、とおおらかに述べられている。読みようによっては、不倫奨励の神様にもみえるなあ。

しかるに現在、筑波研究学園都市に独身で赴任する若い優秀な頭脳は、研究所と公務員宿舎のあいだの自動車通勤の毎日で交際範囲が狭く、なかなかよい配偶者に巡りあえないで悩んでいるという。筑波山の神さん、近ごろなにしてるんですか。あなたの出番じゃないですか？

◉第八話

『万葉集』の証言

『竹取物語』と『更級日記』という広く知られた文学作品のなかに、富士の噴煙のことが書かれている。しかも、従来の火山研究にはほとんど関心をもって省みられることがない。このことに私はかなり以前から気がついていた。それならば「広く知られてはいない」数多くのほかの文学作品はどうであろう。

たとえば『万葉集』。『万葉集』それ自身はもちろん知らぬ人はあるまい。しかし『万葉集』で富士はどう詠まれているか、この問いに即答できる人は、よほどその道の玄人《プロ》であろう。実は『万葉集』巻三・雑歌《ぞうか》のなかに富士の噴煙を詠んだ歌がある。

319なまよみの　甲斐の国　うち寄する　駿河の国と　こちごちの　国のみ中ゆ　出で立てる　不尽の高嶺は　天雲も　い行きはばかり　飛ぶ鳥も　飛びも上らず　燃ゆる火を　雪もち消ち　降る雪を　火もち消ちつつ　言ひもえず　名づけも知らず　くすしくも　います神かも……　駿河なる　富士の高嶺は　見れど飽かぬかも

（甲斐《かい》の国と駿河の国の二つの国のまん中にそびえている富士の高嶺は、空行く雲も行く手を遮られ飛ぶ鳥も飛びかようこともない。その燃える火を雪で消し、降る雪を火で消しつづけて、いいようもなく名づけようもないくらい神のいらっしゃる山である。駿河の富士の高嶺はいくら見ても見飽きることがない）

最後に「富士の高嶺は　見れど飽かぬかも（見飽きることがない）」とあるから、詠み手自身が噴煙を見ていることがわかる。「くすしくも　います神かも」とあるので、富士を尊い神と見なしているのだ。明らかに「ケチンボな神」と見なした常陸の人とは全く異なる見方なのである。

さてこの歌の作者については、『万葉集』原本の体裁から二通りの説をたてることができる。この歌は伝本の目録のところには「笠朝臣金村《かさのあそみかなむら》が歌の中に出づ」と注記がしてあって、これによれば作者は笠朝臣金村であろう、ということになる。笠朝臣金村の名は『万葉集』にはしばしば現れるが、その人物については「伝不詳」とされている。ただ元正（在位七一五―七二四）、聖武（在位七二四―七四九）の二人の天皇の時代の宮廷歌人であるとされる。してみるとこの富士の歌はおよそ七一五年から七五〇年のあいだに詠まれたことになる。

いっぽう、『万葉集』の現代に伝わる写本の体裁によると、この長歌の後、二首の反歌があって、その直後に「右の一首は高橋虫麿の歌の中に出づ」という記載がある。『万葉集』には反歌を数にいれないで、その前の長歌のみ数えるルールがあるので、これにしたがうならば、

図5　甲斐と駿河の間にそびえる富士山。万葉集でもうたわれた。＝山梨県・三方分山へ向かう途中のパノラマ台で撮影

「右の一首」は、この富士の噴煙の歌をさし、その作者は高橋虫麿であるということになる。彼は養老年間（七一七—七二九）に常陸国守藤原宇合《うまかい》の部下として東国にいたという。このころの作品であるとすれば、上の噴煙の記事も養老年間の記事だということになる。『万葉集』の原体裁の不備から、作者が笠朝臣金村とも高橋虫麿とも解釈できることになってしまったが、高橋虫麿の名が歌のすぐ後に書かれていることから彼がこの歌の作者とみたい。常陸国からは富士は頂上のほんのわずかしか見えないので、この歌が常陸国在任中詠んだ歌とは考えにくい。近畿地方から関東地方へ赴任するとき富士を間近に見て詠んだ歌ではないだろうか。

『万葉集』には高橋虫麿、あるいは笠朝臣金村の作とされる長文の雑歌のほかに作者、詠まれた時期の不明な二つの富士の噴煙の歌がある。すなわち、巻一一の「物に寄せて思ひを述ぶる歌」のなかにつぎのように詠まれている。

2695 吾妹子《わぎもこ》に逢ふ縁《よし》を無み駿河なる　不尽の高嶺の燃えつつかあらむ
（恋人に逢うすべがないので、駿河の国の富士山のように私は心を燃やしつづけるだろう）

2697 妹が名も吾が名も立たば惜しみこそ　布士《ふじ》の高嶺の燃えつつ渡れ
或る歌に曰はく、君が名もわが名も立たば惜しみこそ　不尽の高嶺の燃えつつも居《お》れり
（恋人の名も私の名も評判が立ったら悔しいので、富士の高嶺のように心を燃やしつづけよう）

これら二首の歌では、心に秘めた恋愛の感情を富士の噴煙にたとえている。富士の噴煙をこ

のようにたとえるのは、ずっと後世にまで受け継がれていく。富士の噴煙は恋の歌のひとつの表現の道具になっていくのである。そして、この伝統があったために、われわれは富士の噴煙の有無を長い年代にわたって知ることができるようになったのである。

ともあれ、『万葉集』の歌の詠まれた八世紀前半には、富士山は噴煙をあげていたことが知られる。

実は『万葉集』にも多くの名歌を残した歌人柿本人麻呂《かきのもとのひとまろ》の撰と擬せられる『柿本集』という奈良時代の歌集にも、秘めたる恋になぞらえた和歌が載せられている。

ふじのねのたえぬ思ひをするからに　常盤《ときわ》に燃る身とぞ成ぬる

「擬せられる」とは時代が古くて傍証材料に乏しく、表題どおり柿本人麻呂の手で撰されたものかどうかの確証は得られないが、いちおう彼の作品集とみなせよう、という意味である。『柿本集』は六四三首を載せ、一部明白に人麻呂作ではないと判定される歌も載せられているが、この歌も含めてほぼ人麻呂自身の作品集とされる。人麻呂は生没年不詳、ただし和歌をさかんに詠んだ年代は持統天皇元年（六八七）から文武《もんむ》天皇四年（七〇七）ころとされる。したがってこの歌の作られたのもこのころとすれば、六八七―七〇七年のあいだ、富士に噴煙があったことになる。これは、先の高橋虫麿作とおぼしき雑歌の年代よりもさらに二、三〇年古い。富士の噴煙のありさまを証言した、文字どおり最古の文献ということになるであろう。

◉第九話

富士出現伝説

こんどは、史料的に「きわもの」の世界にすこし足をつっこんでみよう。

『万葉集』時代以前のことと称する噴火伝説が二、三散見される。『伊豆山（走湯山）縁起』のなかに「清寧天皇三年壬戌（四八二）三、四月、富士山・浅間山焼崩、熱灰降」とある。

「伊豆山」は熱海市伊豆山にある走湯山《そうとうさん》権現であって、源頼朝（一一四七—九九）、北条政子夫妻が厚く崇拝した古い神社である。鎌倉時代の初期にすでに隆盛していたことは『吾妻鏡』などの記載で明らかである。

『伊豆山縁起』はこの神社の由来を記したものである。この神社の創立当時の事情、伝説を伝えるものであるが、『群書解題』の解説では偽書とされ、由来などはそのまま信じることはできない、とされている。偽書とは成立の由来に意図的な虚偽の記載がなされている文献をいう。

ただこの文献は偽書にしても、その本文の成立は鎌倉時代以前にさかのぼる古いものと認定されている。したがって上の噴火記事もそのまま事実と考えることは躊躇《ちゅうちょ》されるが、古い時代の富士噴火の伝承を文として固定したということだけは虚偽でないならば、将来科学的になんらかの物証による裏付けを得るかもしれない。

古代、平地にとつぜん富士が湧きだした、とする伝説がいくつも伝えられている。科学的な観点からはもとより価値はないが、昔の人のものの考え、信仰の一断面を知ることができる。昭和三年（一九二八）に浅間神社社務所から発行された『富士の研究Ⅰ・富士の歴史』（井野辺茂雄著）などを参考にしていくつか紹介しておこう。

『修訂駿河国新風土記』（後に詳述）に富士郡杉田村（現、富士宮市）安養寺の所蔵文書が紹介され、それに「善記元年庚申年、富士山湧出」とある。「善記」は古代の私年号とされるもので、九州年号説をはじめ由来については二、三の説がある。角川の『日本史辞典』によると、「善記元年」は五二二年にあたるのであるが、この年の干支は庚申ではなく壬寅である。五四〇年が庚申であるが、もとより記事全体が信ずるに足りない。しかし、河口湖町木立《こだち》の『妙法寺年代記』に「金光」の古代私年号が現れ、またここに「善記」の私年号が現れ、九州と共通の私年号の体系をもっていることは、火山史とは別の意味で興味深い。

『詞林采葉集』（釈由阿《ゆうあ》著、小島憲之の考証によると成立は一三六六年）のなかに「富士山大縁起」という文がある。その文に富士山は月氏《げつし》（中央アジア）七島の三番目の島が飛んできたものだ、とある。いっぽう、近江《おうみ》の地が掘れて琵琶湖となり、その土が積もり重なって富士山となった、という伝説は鎌倉時代に現れはじめる。『皇代記』の後醍醐天皇のところに、それは孝霊帝五年（前二

図６　神社の由来を記した「縁起」の中に富士山の噴火伝説が散見される熱海市の伊豆山神社。（著者撮影）

八四年）のことだと書いてある。『河海抄《かかいしょう》』（四辻善成《よつじよしなり》著、一三六二―六八年に成立）ではこの一年前とする。『兼載雑談』には神武天皇のときとするほか、『下学集』『運歩色葉集』（善記三年とする）、「富士浅間神社縁起」（孝安九二年とする）など富士の湧出伝説がまことしやかに記されているが、もちろん空想の所産と考えるべきもので、信ずるに足りない。なお、江戸時代の数学者・中根元圭（一六六二―一七三三）は、富士山の体積は琵琶湖の体積の一二倍であることを立証してこの説を論破した。

富士の湧出伝説はしばしば徐福《じょふく》の渡来伝説と結びついている。徐福とは中国の秦の始皇帝のとき、不老不死の薬を求めて五〇〇人の童男、五〇〇人の童女とともに東の海中の蓬莱の国に渡ったとされる伝説上の人物である。この徐福の渡来地とされる場所は和歌山県新宮市から三重県熊野市波田須《はだす》にかけての熊野海岸地方と、富士山麓地方との二ヵ所が主なものである。富士山麓に徐福が来たという伝承は中国五代後周（九五一―九五九）に著された『義楚六帖《ぎそろくじょう》』（後に詳述）によるのであろうが、この文自身には徐福が日本にいたったことと、日本に富士山があることを別個に述べてあるだけで、徐福が富士山麓に行った、とは書いてない。したがって、徐福が富士山麓に来たことももとは根拠のない説と考えるべきものであろう。

しかし、この徐福の墓を、富士吉田の浅間神社の大塚、河口湖畔の「徐福墓」、上吉田の福源寺の鶴塚などに比定する伝承がある。熊野にも別個に徐福の墓がある。だれか冷静な科学心を失わない若い研究者がいて、この議論にキッパリ決着をつけてくれるとありがたいのだが。

◉第一〇話

古代の火山学者・都良香の証言

都良香《みやこのよしか》（八三四―八七九）は掌渤海《ぼっかい》客使、大内記、文章博士などを歴任した平安時代初頭の漢詩人で、正史のひとつである『文徳実録《もんとく》』の編集者のひとりでもあった。渤海というのは、現在の北朝鮮からソ連領となった沿海州にまたがって勢力を張った古代の国名で、旧靺鞨《まっかつ》国領の南方を受け継いで成立した国である。掌渤海客使といえば、現代の外務省アジア局長くらいに相当する地位であろう。良香は文才に富み詩歌、とくに漢詩にすぐれる、とされながら文学的すぎる美文を競うことを嫌い、事実を重視する実用の散文に力をそそいだという。その彼が『本朝文粋《ほんちょうもんずい》』の巻一二に「富士山記」と題する文を載せている。

富士山は駿河の国にあり。峰削り成せるが如く、直にそびえて天に属《つづ》く。その高さ測るべからず。史籍《しせき》の記せるところをあまねく覧《み》るに、いまだこの山より高きはあらざるなり。

富士山は駿河国にあって、その山のありさまは削ったようであって、まっすぐ天にまでそびえている。その高さははかることができないほど高く、いろいろな書物で調べてみてもこの山より高い山はないと、まず富士山の外観を紹介する。

さらに彼の筆は頂上火口の描写へと進む。

頂上に平地あり、広さ一里ばかり。その頂の中央は窪み下りて、体炊甑《かたちすいそう》のごとし。甑《こしき》の底に神《あや》しき池あり。池の中に大きなる石あり。石の体《かたち》驚奇なり。あたかも蹲虎《そんこ》の如し。またその甑の中に、常に気ありて蒸し出づ。その色純青。その甑の底を窺へば、湯の沸き騰《あが》るが如し。その遠きにありて望めば、常に煙火を見る。

頂上は平らになっていて、その広さは一里ほどである。この一里というのは、近世以後統一された三六町（約四キロメートル）の一里ではなく、古代の令制の六町に等しい一里で約六〇〇メートルを意味する。現在の二万五千分の一地形図上ではかった頂上火口丘の直径は約八〇〇メートルであるから、この記述はよく事実を反映しているといえるであろう。

頂上の中央はくぼんでいて、くぼみの形は「甑《こしき》」のようである。甑というのは古代の炊飯釜。ただし現代の電気釜のように中が円筒形ではなく、底のせばまったどんぶり茶碗のような形である。その「甑」の底に不思議な池がある。池の中に大きな石があって、まるでうずくまった虎のようである。ここにいう虎の形をした岩は、頂上火口の南側壁面から突き出したような「虎岩」として今も見ることができる。甑の中はつねに噴煙が湧き出ている。その色は純青である。この「その」は「甑の中」つまり池の色とも、また噴煙の色ともとれるが、文の勢いか

図７　都良香が「富士山記」の中で形状をありのままに表現した富士山頂上の火口。

らみて噴煙の色であろう。池の底はまるで湯が沸きあがっているようである。そのようすは遠方からでもつねに出ている煙火として見ることができる。この箇にして要をつくした記述は、文学作品の言葉づかいの巧みさを優雅に競う古代朝廷の歌人のものではない。現代の科学者の論文と同じ事実をありのままに表現することを重視した筆致である。

当然のことながら、このようなくわしい頂上火口の記述は、実際に山頂に登って火口を見た人が、この時代にすでにいたことを示している。

富士登山の伝説は聖徳太子にはじまるが事実とは認めがたい。平安時代のはじめ（九世紀）すでに仏教のなかに山岳修行を説く宗派がわが国に伝わり、役小角《えんのおづぬ》が富士に登ったと伝えられる。富士山頂のことももこのような山岳仏教の修行者から得た知識であろう。

富士の山裾の広さについて良香は「通り過ぎるのに歩いて数日かかる」と書いている。また、貞観一七年（八七五）一一月五日に吏民が昔のしきたりにしたがって、富士をまつったところ、晴れあがった富士の頂上のすこし上空に白衣の美女が二人舞うのを地元の人といっしょに見た、と証言している。笠雲がそのように見えたのであろうか。富士の名は富士郡から採ったものだと地元の長老が伝えており、また神がいて「浅間大神」とよばれている、と書いている。この神こそ、『古事記』『日本書紀』ともちがい、また『常陸国風土記』とも異なる駿河国の土着神話のなかの富士の神なのであろう。この神をめぐって数多く語られたはずの神話を知ることができないのが残念である。

さて、都良香は「富士山記」のなかで、二度の噴火活動を記述している。ひとつは、

承和年中に、山の峰より落ち来る珠玉あり。玉に小さき孔ありきと。蓋《けだ》し是れ仙簾の貫ける珠ならむ。

とあるもので、承和年中（八三四―八四八）に富士山から軽石の噴出をともなった火山活動があったことを述べている。

このときの噴出物は孔のたくさん開いた軽石状で、しかも玉にたとえられていることからガラス質のものであったことがわかる。小さな球状をしたものが多かったのであろう。「山の峰より」とあるので頂上の噴火である。「蓋し」は「きっと……なのだろう」の意。「仙簾」についてなにか特有の意味があるのかと思って諸橋轍次の『大漢和辞典』や中国出版の大きな辞書を引いてみたが、出てこなかった。少なくとも中国の古典に用例のある熟語ではないようである。ただ大修館の『広漢和辞典』にほかならぬ「富士山記」の上の文を引用して「美しい簾《すだれ》」と説明してあるだけであった。一般に漢字二字からなる見なれぬ熟語に出合ったとき、個々の字の意味を足して理解したような気になる、というのは危険である。「亡命」は「命を亡《うしな》う」ことではないように。しかし仙簾はそんな落し穴単語じゃなかった。「仙人の住むきれいな天の家にでもあるような美しい簾」でよいようだ。

ところで、この文を書いた都良香自身は承和元年（八三四）の生まれである。つまり、この噴火は彼の幼年時代のできごとであった。さきに『理科年表』などに載せられた富士山噴火年代

表を紹介した。それによると、古代の富士の噴火年代は七八一年、八〇〇―八〇一年（延暦噴火）、八六四年（貞観噴火）などであって、この承和年中の噴火はこのリストには含まれてはいない。つまりここでわれわれは、富士山の噴火の新史料をひとつ見つけ出したことになる。

もうひとつの噴火記事は承和年中の富士山頂からの噴火記事の後の、良香の生まれる前に起きた噴火の記事である。

山の東の脚の下に、小山あり。土俗《くにびと》これを新山と謂ふ。本は平地なりき。延暦二十一年三月に雲霧《うんむ》晦冥《かいめい》、十日にして後に山を成せりと。蓋し神の造れるならむ。

富士山の東の麓付近に小さな山がある。この地方の人はこの小山を新山とよんでいる。もとは平地であったが延暦二一年三月に雲か霧のような噴煙がたちこめ、空の暗くなった日がつづいて、一〇日後に山ができていた。きっと、神がつくったのであろう、というのである。「平地」とは、文字どおりの「へいち」ではなく、なだらかで単調な斜面をこういったのであろう。

これは、須走口登山道の新五合目、古御岳神社のすぐ東側にある小富士（一九〇六メートル）を出現させた側方噴火の記録であろう。延暦二一年は西暦八〇二年である。従来知られていた、足柄路を火山灰で埋めた延暦一九年噴火の、二年後にあたっている。わずか二年のちがいとはいえ、別個の火山活動である。もちろん、火山学的には一連の活動と見なすことができる。これも承和年間の噴火記事と同じく新検出の噴火史料である。小富士は今も頂上は木にも草にも覆われていない。その頂上に立てば、それがきわめて新しい噴出物であることは容易に納得することができる。

ところで延暦二一年噴火に先立つ、延暦一九年から二〇年にかけての噴火のようすは、駿河国司から京都の朝廷につぎのように報告されている。すなわち『日本後紀』によると「延暦一九年三月一四日から四月一八日まで噴火がつづき、昼は噴煙であたりが真っ暗となり、夜は火炎が天を照らし、雷のような音がする。灰が雨のように降り、ふもとの川の水はみな真っ赤になった」と、延暦一九年六月に報告された。さらに延暦二一年正月一日の報告では、「砂礫《されき》があられのようにふる」とあって、降灰に埋まって通れなくなった足柄路が廃され、新たに箱根路が開かれることとなった。

都良香は「富士山記」をいつ書いたのであろうか。さきに紹介した、富士山頂の上空に舞う二人の白衣の美女の話の冒頭に貞観一七年（八七五）一一月とあるので、これ以後であるのは確実である。また彼は、元慶三年（八七九）二月に四六歳で死去している。したがって、「富士山記」の成立はこの四年のあいだ（正味三年とすこし）のことである。だから、山頂や噴煙のようすも、直接にはこのころのことをいったものである。

小富士の噴火についてはいまひとつ史料がある。『海道記』という作者不詳の紀行文である。この文の筆者は貞応二年（一二二三）京都から鎌倉に東行している。彼は、駿河国浮島ヶ原（現、富士市）のところでつぎのような記述をしている。

山の頂に二泉あり、湯のごとくにわくといふ。むかしは仙女がこの峰に遊びて常にあり。

ひがしふもとに新山といふ山あり。延暦年中に天神くだりてこれをつくといへり。（群書類従本による）

この文の末尾の「いへり」は、浮島ヶ原に住む人から聞いた話であるのでこういったのであろう。約三五〇年前の噴火が駿河の住民のあいだに伝承されていたのが鎌倉時代のはじめにキャッチされ、記録化されたのである。井野辺茂雄は『富士の歴史』（一九二七年）のなかで、この「いへり」を都良香の文を引用したもの、と解している。しかし、都良香の文には頂上に泉が二つある、とは書いていないこと、また天に美女が現れた（ように見えた）のは一度だけである、としているのに対して『海道記』の文では「常にあり」と継続的であること、など引用にしては内容の相違が大きすぎるので、井野辺の解釈は妥当ではない、と考える。

なお、『海道記』の著者は、『群書類従』の原本では、源光行《みつゆき》であると書いてあるが、井上豊は『群書解題』のなかで、この文の著者が源光行ではなく、また一部にいわれる鴨長明説も成り立たないことを論じている。

さらに、『日本古典全書』本と『新日本古典文学大系』本では、左の文の冒頭が「山の頂に泉あり」となっていて、「二泉」とはなっていない。一九九一年一〇月現在、墨書きの原写本の遡及調査をする機会を得ないので、この点いずれが正しいか確定することができない。

◉第一一話

駿河国司の語る貞観の大噴火

日本の朝廷の手によって、公式の記録が残されるようになってはじめて成立した本は『日本書紀』である。この書物は全三〇巻からなり、巻二までは『古事記』と多く共通する神話の巻で、それ以下は神武天皇にはじまる「天皇紀」である。巻九あたりまでは、天皇家内の記録の色彩が濃い。巻十以後は、日本国内の統治史というべきもので、制令の布告、大陸各国との外交、臣下の叙位、日月食、気象異変、洪水飢饉、地震などの、雑多な記事が現れる。『日本書紀』の記載は第四一代持統天皇の治世の記述で終わる。そのあと『続日本紀《しょくにほんぎ》』『日本後紀』『続日本後紀』『文徳実録《もんとく》』『三代実録』と朝廷の記録はつづく。このような朝廷のもとで公式に残された記録を「正史」というが、とくにこの最古の六つの書物を「六国史《りっこくし》」という。

『日本書紀』の後半以後は、ほぼ当時の都で「外記《げき》」などとよばれる専門の記録係の残した記録がもとになっており、信頼性の高いものである。六国史の自然科学の方面からみても貴重な記録である。たとえば、京都の有感地震記録だけを拾いだしてみても、当時の京都の地震活動度が現在より高かった、などの事実が判明するのである。

六国史の記述は仁和三年（八八七）で終了する。これ以後は、正史の抄録本である『日本紀略』などは現存するが、六国史のように整備されたかたちの書物が現存しないのである。このため、八八七年以後、鎌倉時代の記録のはじまる一〇八五年までの平安時代中期・後期の約二〇〇年間は、地震史料をはじめ、あらゆる天変地異の記録の乏しくなる年代になっている。

六国史のひとつである『三代実録』には貞観六年（八六四）の噴火のようすが駿河国司の報告としてくわしく述べられている。現代語に訳すとおよそつぎのようになる。

「五月二五日、駿河の国司が朝廷に報告していうには、富士郡の浅間大神大山（富士山）が噴火し、その勢いははなはださかんで一―二里四方の山が焼けた。光る炎は高さ二〇丈ばかり、雷がおき地震が三度あった。一〇日たっても火が消えることなく、熱い岩が峰を崩し、砂が雨のように降ってきて、噴煙が立ちこめて人は近づくことができない。大山の北西に本栖《もとす》湖がある。焼けた石（溶けた溶岩）が湖に流れこみ（一部の）湖面を埋めた。（溶岩流は）長さ三〇里ほど、幅三―四里ほど、高さ二―三丈ほどであった。火炎はついに甲斐国との国境に達した」

このころの一里は約六〇〇メートルの長さ（和銅制の一里は二一六〇尺、六四〇・一メートル、異説あり）であって、後世の一里（三九二七メートル）よりだいぶ短い。また一尺は、いろいろな大きさの尺があったが、標準的な和銅大尺では約二九・六センチメートルで、これでメートル法に換算することができる。この記事で大事なことは、

図8　焼けた石（溶岩）の一部が湖面に流れ込んだといわれる山梨県・本栖湖。

一、最初、直径約一キロメートル程度の範囲で、高さ約六〇メートルの火炎を噴きあげた。音響と三度の地震があった。この段階ではまだ溶岩は流出していない。
二、一〇日後溶岩の流出がはじまり、砂状の噴出物（スコリア）があり、雨のように降った。
三、（その溶岩が固まった後に、測定してみると）流出した溶岩流のサイズは、長さ一九キロメートル、幅約二キロメートル、厚さ約六―九メートルで、先端は当時の本栖湖の湖岸に達した。

この三点である。「灼熱の溶岩は駿河、甲斐国境に達した」も重要な点であるが当時の両国の国境が富士の斜面地域で、どこを通っていたかが判然としないので、溶岩の到達点も現代の地図上にプロットすることができない。

一にいう火炎を噴きあげた約一キロメートルの範囲というのは新火口であろう。原文では「大山火、其勢甚熾、焼山方一、二里」という漢字列で表現されている。頂上であればそう読めるかたちで文が作られたはずであるから頂上噴火ではないとみられる。その新たな側方噴火の火口の位置は、三に記された溶岩のサイズと終点は本栖湖、ということからほぼ推定することができる。現在の本栖湖の湖岸を起点としても大差ないであろうから、このデータをそのまま現在の地図上に求めるとスバルライン終点の五合目、小御岳神社付近となる。

山路ということで、直線距離を三割ほど縮めるとスバルラインと精進《しょうじ》湖口の交点（三合目、標高一八〇〇メートル）付近となる。富士の北東斜面のこの付近には数多くの側火山がある。

これらのなかで、伊賀殿山《いがどの》、長尾山、天神山、氷穴《ひょうけつ》などの側火山は、表面をおおう溶岩の固化年代が、放射性元素により、ほぼ八〇〇年から九〇〇年のあいだと測定されており、これらの山体の一部が貞観噴火によるものであることはほぼ確実である。おそらくこの付近から本栖湖、精進湖、西湖《さい》にいたる青木ヶ原樹海の基盤をなす青木ヶ原丸尾《まるび》の溶岩のほとんどは、この貞観噴火によるものであろう。

ただし、現在見る青木ヶ原丸尾は上述のスバルライン三合目付近を要《かなめ》として扇形に拡がっており、幅三―四里（約二キロメートル）の表記にみられるような細長い帯状の溶岩流とおぼしき表現に合わないようにみえる。

次項に述べるように、甲斐国司は溶岩は西湖も埋め河口湖にも達しようとする、と証言しており、こちらでは溶岩は幅広く扇形に流出したような表記がなされている。駿河国司のいう溶岩の帯は、この扇を構成する溶岩流のなかの一筋をいったものであろう。

宮地（一九八八）は、二つの火口がとなりあってならんでいる、天神山と伊賀殿山、および長尾山の火口周辺の、貞観噴火による粒状噴出物（スコリア）の堆積厚さの分布を調査した。いずれも、堆積は火口からわずか三キロメートル以内の範囲にとどまっており、宝永噴火のような遠方に火山灰が厚く堆積する、というのとは大いに異なっている。

◉第一二話

甲斐国司の語る貞観の大噴火

前項では貞観六年（八六四）噴火の駿河国司の証言をみたが、こんどはおなじ『三代実録』に記された甲斐国司の報告をみてみよう。

貞観六年秋七月一七日、甲斐国司が報告していうのに、「駿河国の大山が突然暴火あり、小丘を焼き壊し草木を焦がし、熱い土砂が流れだして甲斐国八代郡本栖、ならびにせの海の『両水道』を埋めました。水は湯のように熱くなり、魚や亀はみな死にました。人々の住居は湖とともに埋まり、また一家全員が死んで無人となった家もあり、それらの数は数えることができません。この両湖の東にもうひとつ湖があり、河口湖といいます。灼熱した溶岩は河口湖のほうに向こうまで流下しました。本栖湖の湖面が埋まる前に大きな地震があり、雷をともなった大雨があり、黒い霧であたりは真っ暗になり、野山の区別がつかなくなり、それからこの災害（溶岩流出）がおきたのです」。また翌七年の報告では、昨年のこととして、「駿河国大山西峰、たちまち熾火あり、巌谷を焼砕す」とある。

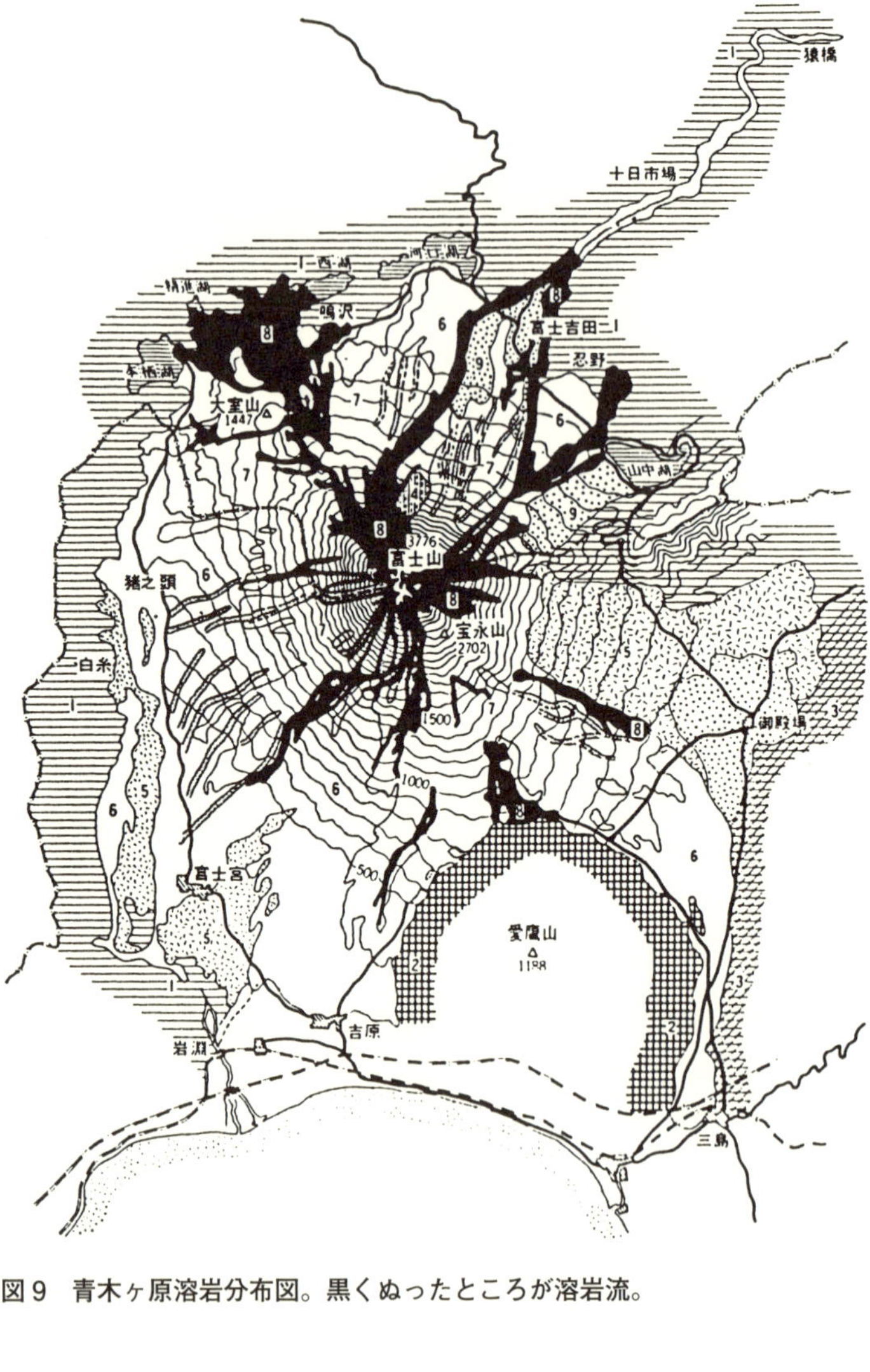

図９　青木ヶ原溶岩分布図。黒くぬったところが溶岩流。

これらの記事から、つぎのようなことがわかる。

一、このときの溶岩を噴出した火口は頂上の中央火口ではなく、「西峰」とよばれる側火山であった。

二、溶岩流は、本栖湖だけではなく、当時の「せの海」の湖面も埋め、河口湖にまで達する勢いであった。

三、各湖岸上に住んでいた人々の多くが死に、家屋が溶岩流に埋もれた。

「せの海」というのは、現在の精進《しょうじ》湖と西湖のあいだがつながって大きな細長い湖をつくっていたが、この湖のことをいう。この甲斐国司の証言によると、現在精進湖と西湖のあいだを埋めている溶岩はすべてこの貞観六年噴火の産物であるということになる。その溶岩はスバルライン三合目付近を頂点とする扇形に分布する青木ヶ原樹海の溶岩の先端部にあたっている。したがって、この証言によるかぎり、樹海をのせる「青木ヶ原丸尾」の溶岩は、ほぼ全体が貞観六年の大噴火で噴出、流下したものである、と結論することができるのである。

この噴火の活動は翌七年の年末にいたってもやむことがなかった。「八代郡の郡家以南に神宮を建てて噴火が静まるのを祈願したが、異火の変は今もやまず」といっている。また「使者を遣わして調査させたところ、せの海（湖）は一〇〇〇町ばかり埋まる」ということであった。和銅制の一町の面積は約一・一四ヘクタール。一〇〇〇町は一一三八ヘクタール、これは正方形とすれば一辺が三・三七キロメートルとなる。現在、精進湖と西湖のあいだはほぼ五キロメートルである。ここに幅二・三キロメートルの湖があればその面積はほぼ一〇〇〇町となる。現在の精進湖や西湖の南北幅は二キロメートルもない。しかし、貞観噴火の溶岩が埋めることによって南北方向にも痩せた結果を今われわれがみているのであるから、原「せの海」の南北幅を二キロメートル程度と想定するのもそう不合理なことではあるまい。

このあと九三七年、甲斐国司はふたたび「富士山神火大海を埋める」（『日本通記』）と朝廷に報告しており、規模は貞観噴火より小さいが同様の溶岩流出をおこしている。九九九年、駿河国司は「富士御山焚」（『本朝世紀』）と噴火を報告している。さらに一〇三三年に「富士山火起き、峰より山脚《ふもと》にいたる」と、『日本紀略』に記録されていて、これも、朝廷の公式記録とみられることから信頼性の高い溶岩流出記事である。一〇八三年にも噴火があったが、「富士山焼燃」（『扶桑略記』）と書かれているのみで、溶岩流出はなかったもよう。

◉第一三話

証人・在原業平

落語「ちはやふる」でおなじみの、在原業平《ありわらのなりひら》（八二五―八八〇）は、百人一首にも名をつらね、美女ならば小野小町のようだ、美男ならば業平のようだ、と容貌をたたえられ、また六歌仙の筆頭にも数えられるたいへん有名な歌人である。東国の隅田川を旅して、かもめを「都鳥」とうたったのも彼である。謡曲『隅田川』の説話の元祖である。

『伊勢物語』は在原業平を主人公とした歌物語で、定家本によれば一二五個の説話からなっている。最初の説話が「うゐかうぶり」（元服の儀式、一二歳ないし一六歳でおこなう）で、最後の説話は主人公の死を予感した和歌で終わっていることから、説話の順序は、ほぼ業平の人生の各場面の順序に対応しているかにみえる。第九個目の説話は京都から隅田川までの旅行記になっている。

富士の山を見れば、五月のつごもりに、雪いと白う降れり。

時知らぬ山は富士の嶺いつとてか　鹿《か》の子《こ》まだらに雪の降るらむ

その山は、ここにたとへば、比叡《ひえ》の山を二十ばかり重ねあげたらむほどして、なりは塩尻のやうになむありける。

意味は「富士山を見ると五月の末だというのに雪が白く降り積もっている。季節の変化も知らぬげにその富士山はいつのまにか雪が降りまだらもように雪が積もっているのだなあ。その山は京都の景色でたとえるならば比叡山を二〇個も積み重ねたほどでありましょう。その山のありさまは塩尻のようでありました」となる。旧暦の五月の末といえば、太陽暦のほぼ七月のはじめにあたり、梅雨明けのもっとも暑い季節である。

『和歌知顕集』によれば、業平自身がこの物語を元慶三年（八七九）に清書したという。いずれにせよ、この文の情景は業平が若いときの挿話である、という意識で語られている。八四五年ないし八五〇年のころであろう。噴煙については直接には触れられてはいない。問題は「なりは塩尻のやうになむありける」の意味である。塩尻というのは塩田で、塩をかき集めてできた塩の山をいうと『広辞苑』にある。「富士山の形はこの塩の山のようだ」と形だけをいっていると解すれば、噴煙のことはなにもいっていないことになる。

しかし塩はこの塩の山の藻を焼いて作る、というのがこの当時の常識である。事実、藻を焼いて塩を作る和歌もいくつか詠まれている。このように塩尻とは煙の出るものという意識があるならば、富士に噴煙があったことを間接的に述べていることになる。

なお「塩尻」の語義は、一五世紀にはすでに日常語としては失われており、上とはちがう解釈が『伊勢物語愚見抄』（一条兼良著、初稿本一四六〇年、再稿本一四七四年成立）などで考察されている。

◉第一四話

証拠物件『古今和歌集』の和歌

『古今和歌集』は最初の勅撰集、つまり朝廷のもとで編纂された最初の和歌集（勅撰和歌集）であった。撰者は紀友則《きのとものり》、紀貫之《きのつらゆき》、凡河内躬恒《おおしこうちのみつね》、壬生忠岑《みぶのただみね》ら。全部で約一一〇〇首を載せる。序文が書かれたのは延喜五年（九〇五）であるが、これが完成年であるのか、和歌集編集の命令が出された年であるのかがはっきりしない。しかし遅くとも延喜一三年（九一三）までには成立していたとされる。載せられた歌の大部分は延喜五年以前の成立であろう。そのなかに富士の噴煙を詠んだ和歌が五首見つかった。

534人しれぬ思ひをつねにするがなる　富士の山こそわが身なりけれ

読み人しらず

「煙」の語は出ていないが、心に秘めた恋を富士の噴煙にたとえていることは明白である。

ふぢはらのただゆき

680君といへば見まれ見ずまれ富士の嶺の　めづらしげなくもゆる我がこひ

題知らず　　読み人知らず

1001あふことの　まれなる色に　思ひそめ　我が身はつねに　あまぐもの　はるるときなく　富士の嶺の　もえつつとはに　思へども……

古歌たてまつりし時の目録のその長歌　　つらゆき

1002ちはやぶる　神の御世より……　富士のねの　もゆる思ひも　あかずして　わかる涙……

紀貫之は貞観一〇年（八六八）ころ生、天慶八年（九四五）没。

きのめのと

1028富士の嶺のならぬ思ひにもえばもえ　神だにけたぬむなし煙を

以上五つの歌は、すべて秘めたる恋の感情を富士の噴煙にたとえたものである。詠み手が富士を実際に見て詠んだのではなく、ただ富士山が噴煙を出していることが当時の日本列島に住むものの常識であって、しかもそれを恋愛の感情にたとえることが歌詠みのひとつの定石になっていたことがわかるのである。このように、富士を実際に見たわけではない人の歌は、噴煙の存在の証拠としての強さは実見した人の作品に劣る、とされる。ことに詠み手がその歌を詠んだとき、その「瞬間に」富士が噴煙をあげていたとは限らない、この意味で証言力に劣ることとは率直に認めなければならないだろう。

しかし、富士のようすは古代でも一ヵ月もあれば十分近畿地方に伝わる。富士が噴煙を出している、ということが広く知られていたからこそ、京都の歌詠みたちも安心して、富士の噴煙を恋のたとえに利用することができたのであろう。つまり、富士の噴煙を秘めたる恋のたとえとして詠んだものがあるときには、その瞬間ではなくその年代に富士は噴煙をあげていたのである、と判断できるであろう。

この私の独断的な判断には当然反対したい人もいるだろう。その人はいう、「富士はとうの昔に噴煙をあげるのをやめていても、時代の慣性というのがあって、しばらくは前の時代の修辞上の用語が踏襲され、事実と無関係に富士の噴煙が恋のたとえとして詠まれることだってあるさ」と。これもまた、一定の説得力があるようにみえる。

この本は、『産経新聞』の「正論」のコラムじゃないんだから、いっぽうの見解だけを読者に押しつける、などということはしない。この後のほうの見解も当たっているかも知れないので、いまはまだ少々用心深く、「恋愛の歌のなかに富士の噴煙が詠まれていたら、その当時富士に噴煙があったことが示唆される。ただしそれだけでは、断定するには証拠力が弱い」と述べるにとどめることにしておこう。右の五つの和歌の存在により九〇五年の直前の年代は富士に噴煙があった「らしい」、と示唆される。

◉第一五話

『古今和歌集』序文

『古今和歌集』は醍醐《だいご》天皇の朝廷のもとで編纂された最初の勅撰和歌集である。前項に述べたように、富士の噴煙を詠んだ歌が五つ載せられており、ほぼ九〇〇年ころ富士に噴煙があったことがわかる。ところで、この書物には仮名書きの序文が添えられている。撰者のひとりである紀貫之の筆になるとされる。この文の成立は、延喜五年（九〇五）四月一八日と明記されている。この序文に富士の噴煙に関する記載がある。

筑波山にかけて君を願ひ、よろこび身に過ぎ、たのしび心にあまり、富士の煙によそへて人を恋ひ、松虫の音に友をしのび……

今は富士の山も煙たたずなり、長柄《ながら》の橋もつくるなりと聞く人は、歌にのみぞ心を慰めける。

つまり、「この和歌集に集められた和歌のなかには、筑波山の神や富士山の煙、あるいは松虫の鳴き声にこと寄せて恋や友情の心を詠んだものがある。しかし、この和歌集がほぼ完成してこの序文を書いている今は、もはや時が移って、富士山の噴煙も立たなくなり、浪速《なにわ》（大阪の古名）の長柄《ながら》の橋も新しくつくり替えられてしまって、昔の和歌が詠まれたころの風情はなくなってしまった。これらのことはただ和歌の世界のなかだけのことになってしまい、和歌のみによって昔のようすを偲び心を慰めることができるのだ」というのである。

長柄の橋については、一〇五一番の伊勢の歌に「難波《なにわ》なる長柄の橋もつくるなり」（古いものの代表のようにいわれ、古来和歌にも詠まれてきた浪速の長柄橋もとうとう新しくつくり替えられることになった）とあって、世の中の移り変わりの激しさが詠まれている。

だから、この歌集のなかにある富士の煙を詠まれた歌は、今（九〇五年）となってはもう富士山からは噴煙が出るのが止まったので、このような言い方ができなくなったのだ、といっているのである。

これまでのこの本の話では、いつも古代に富士は噴煙をあげていたことを証明するものであった。しかし、ここで紹介した『古今和歌集』序文は逆に、これまで噴煙をあげつづけてきた富士が、九〇五年になって噴煙を出すのをやめたことを証言するものである。

上の文にある、和歌の「写実主義」の主張にも注目しよう。上の文ではただ時勢の変化が激しく、昔詠まれた和歌が現実に合わなくなってしまった、と感慨を述べるだけにとどまっているわけではない。もう富士の煙に秘めたる恋愛感情をたとえるような和歌は詠めなくなってしまった、なぜならかんじんの富士に煙がなくなってしまったから、と主張しているのである。

ここには、文学的でありさえすれば、現実にあわなくてもよい、つまり文学は「ウソをついてもよい」という、近世中期、近代の与謝蕪村流（半分くらいウソでもよい）、横溝正史流（全部空想、つまりウソであっても面白ければよい）の考え方とは、正面から対立する考え方がある。だから、ボクはこう考える。近世中期以前の文学作品は、自然科学の考察材料に使える。しかし、江戸中期、明治以後の文学作品は文学的すぎて、記載が事実とは考えられず、自然科学的な考察材料には使えない。

新田次郎の小説は、史料による基礎調査がかなり綿密で、事実に即したものが多いそうだね。その良心的な彼にしてから、たとえば『八甲田山死の彷徨《ほうこう》』にしても、そうとう想像で埋めた跡があって、数多くの事実でない点が指摘できるそうな。こういうアラさがしは、自然科学の研究に身をおくボクにはぞくぞくするほどおもしろい。文学青年にはたぶん、ボクはゲスでヤボなおっさんにみえるだろうが。

「推敲」という言葉があって、いまも使われることがある。文章をより「文学的に」美しく練りあげることをいう。もとは古い逸話で、ある坊さんがある家を訪問する情景を描写するのに、「僧侶は家の門を押す（推）」とするのがよいのか（より文学的か）、それとも「僧侶は家の門をたたく（敲）」とするのがよいのか、思い悩んだ文章家の話に由来するという。こんな話を聞くと、ボクは西川のりおさんみたいな野太い声でいいたくなる。「なに考えとるんじゃ。ウソになったらあかん。おまはんは坊《ぼん》さんが門を押しているのを見たんか？　それともたたいているのを見たんか？　見たままほんまのことを書いたらええのや。なんにも悩むことあらへん」と。

ここで、七世紀終盤以来、九〇五年にいたるまでの噴煙の状況を総括しておこう。

『柿本集』『万葉集』の証言によって、六八七年ころから七四〇年ころまでは噴煙があった。七五〇年ころから八五〇年までは史料がなく、この間約一〇〇年については噴煙のようすはわからない。ただし火山灰や軽石の噴出、側方噴火による溶岩の流出などは、七八一年、八〇〇—八〇一年、八〇二年、承和年間（八三四—八四八）、八六四年におきている。『理科年表』などには八二六年と八七〇年に噴火があったとされているが、この記録の唯一の原史料である、「寒川神社日記録」の記載は近代の偽作文献である「宮下（富士）古文書」に基くので、記録は正しいものと考えることはできない。八五〇年から九〇〇年のころまで噴煙があったことは、『伊勢物語』、都良香の「富士山記」、『竹取物語』の末尾の説話、『古今和歌集』中の五首の噴煙に関する和歌の存在で明らかである。そして、『古今和歌集』の序文の書かれた、九〇五年には噴煙はいったん出なくなっていた。

◉第一六話

平安時代初期の和歌から

平安時代の和歌のなかに、片思いに秘めた恋の心を富士の噴煙にたとえたものがいくつかみられる。前には、『古今和歌集』のなかの五つの歌を紹介したが、もっと後の年代に作られた和歌集のなかに、九〇〇年前後の古今和歌集時代に詠まれた和歌を載せているものがある。そのひとつが『新勅撰和歌集』である。この歌集自体は、鎌倉時代の貞永元年（一二三二）に、後堀河天皇の命を受けて藤原定家が撰した和歌集である。その三年後の文暦二年（一二三五）に成立したもので全歌数約一三七〇首である。平安時代の初期の富士山を詠んだ歌はつぎの二首である。歌番号は岩波文庫本の通し番号である。

寛平御時きさいの宮の歌合歌　　よみ人しらず

710　としをへてもゆてふふじのやまよりも　あはぬおもひは我ぞまされる

「寛平」は八八九年から八九八年までの年号。「長い年月にわたって燃えているという」といっているので、歌の詠み手が直接噴煙のさまを見ているのではないことは明らかであるので証拠力はすこし劣るが、平安時代の前期にあたる八八九年から八九八年までのころ、富士山に噴煙があったことになろう。つぎの和歌はこれより九〇年ほど後のものである。

　　平兼盛するがのかみになりてくだり侍ける時、餞《はなむけ》し侍とてよめる

　　　　　　　　　　　　　　　　　　　　大中臣能宣朝臣

1295 ゆきかへりたむけするがのふじのやま　けぶりもたちゐきみをまつらし

平兼盛《たいらのかねもり》は正暦元年（九九〇）没。天暦四年（九五〇）臣籍に下る。『兼盛集』によると天元二年（九八〇）八月一七日に駿河守となっている。上の和歌も任地に旅立つ直前、つまり九八〇年の旧暦八月ごろに詠まれたものとみてまちがいあるまい。したがって、九八〇年秋、富士に噴煙があった、ということがわかる。恋愛の和歌ではない、これから駿河国の国司（知事）として赴任する人へのはなむけの和歌であるだけにより信頼できる史料である。

つぎに『大和《やまと》物語』（一〇世紀成立、作者不詳）のなかの和歌をみてみる。

藤原実頼が大臣少将であったとき（九一九―九二八年）、式部卿の宮の女房大和とのあいだで交わされたとされる歌が載っている。

（大和）　人しれぬ心のうちに燃ゆる火は　煙も立たでくゆりこそすれ

（少将返歌）　富士のねの絶えぬおもひもあるものを　くゆるはつらき心なりけり

これらの和歌をすなおに解すれば、前に述べた『古今和歌集』序文の証言から知られる九〇五年ころの富士噴煙の中断は、その後二〇年ほどを経た九二〇年代ころには旧に復して、ふた

たび噴煙が見られるようになったことを示していることになるであろう。ただし「煙も立たでくゆりこそすれ」の「くゆる」は「燻る」と書き、「くすぶる」すなわち中に火がこもっていて「かすかに煙が立つ」の意味である。つまりこの文は「煙が立つ」と言えるほどハッキリ噴煙は出ていないが、かすかに煙がただよっている程度だったのである。そして、九三七年の北西斜面の側方噴火による溶岩噴出を迎えるのである（前述、甲斐国司の証言）。その後噴煙はさらにつづく。

『後撰和歌集』（九五一年ころ成立）の恋歌の部の「その二」につぎの歌がある。

平定文《たいらのさだふん》

647 われのみや燃えて消えなむ世とともに　思ひもならぬ富士の嶺《ね》のごと

また、この歌の返歌として、つぎの歌が載っている。

紀《き》の乳母《めのと》

648 富士の嶺《ね》の燃えわたるともいかがせん　消ちこそ知らね水ならぬ身は

平定文（貞文）は、延長元年（九二三）に没している。『後撰和歌集』は村上天皇の天暦五年（九五一）の命により源《みなもとのしたごう》順、紀時文《きのときふみ》らの撰によって成立したものとされ、約一四〇〇首を含む。この歌の詠まれた年代は九二三年より古いとわかるだけで定めがたい。

つぎに『元良《もとよし》親王御集』『古今和歌集序聞書三流抄』『権中納言朝忠卿集』それに『和泉式部続集』の四個の和歌集をみてみよう。

元良親王は陽成天皇の皇子で寛平二年（八九〇）生、天慶六年（九四三）没。『元良親王御集』は成立年不明で、編纂は元良親王の没後に後人によるものとされる。

麓さへあつくぞ有ける富士山　嶺の思ひのもゆる時には

この恋の歌の詠まれた年次は不明であるが、年齢からして『古今和歌集』（九〇五年成立、このとき親王は満一五歳）の後であろうから、この歌もまた、九〇五年の噴煙休止ののち九四三年までに噴煙再開があったことを示している。ただし「年齢からして」と書いたが、恋の歌であっても一五歳以下で詠んではイケナイわけではない。当時の元服年齢は一二―一六歳とされる。ただ少ない可能性に固執しないならば、上記のような考察は許されるであろう。ところでこの和歌「麓さへあつくぞ有ける富士山」とは？　何？　山頂だけではなく、麓にも地熱の場所があったことを証言しているようである。

『古今和歌集序聞書三流抄』は、鎌倉時代に広く著された『古今和歌集』の注釈書のひとつで、成立は弘安年間（一二七八―八八）の末年とされる。この書のなかに『竹取物語』を引用するところがあって、つぎのような文面が現れる。

朱雀院の御時（九三〇―九四六）、富士の煙の中に声ありて
山は富士煙も富士の煙にて　知らずはいかにあやしからまし

これによると、九三〇―九四六年のころ富士は噴煙をあげていたことになる。「あやし」は「挙動不審な」ではなく「教養に欠ける（賤し）」の意味であろう。つまり「富士の煙を知らん

のはダサイやつだ」といっているのである。「煙の中に声ありて」とは聞きずてならない。噴火に伴う爆発音が聞こえる、と言っているのだ。

『権中納言朝忠卿集』は三十六歌仙のひとり、藤原朝忠の和歌集で本人の死後編纂されたもの。朝忠は延喜一〇年（九一〇）生で康保三年（九六六）に没した。

富士のねを音にぞ聞きし今はわが　思にもゆる煙なりけり
しるしなき思と聞くは富士のねも　そことばかりの煙成るらん

これらの歌の成立年は不明である。歌の排列順序からみれば「中将にて」「少将にて」の後にあるので、朝忠がこれらの位についた延長八年（九三〇）以後の歌であることがわかる。すなわち九三〇年を過ぎるころ富士に噴煙があった。この和歌も「富士のね」の「ね」が「峯《ね》」と「音《ね》」の掛詞となっている。やはりこのころ、富士は爆発音を伴って噴煙をあげた山だったのである。

和泉式部は生没年不詳とされるが、岩波文庫本『和泉式部続集』の校訂者清水文雄の解説によると、彼女の約二〇歳年長の夫藤原保昌が長元九年（一〇三六）に七九歳で没している。また『和泉式部日記』は長保四年（一〇〇七）ごろ成立。この和歌集の歌の一部が「日記」にも現れていることから、この和歌集の歌が詠まれたのも長保二年（一〇〇五）から長暦四年（一〇四〇）のあいだであろうと推定される。富士の歌はつぎの二首である。歌番号は岩波文庫本の通し番号である。

1033 不尽の嶺にあらぬ我が身の燃ゆるをば　よひよひとこそいふべかりけれ
1121 不尽の嶺の煙絶えなんたとふべき　方なき恋を人に知らせん

この後の歌の意は「燃える思いにたとえられる富士の煙だって、きっと絶えるときも来るだろう」である。和泉式部がこの歌を詠んだ一〇〇〇―一〇四〇年ころ富士は噴煙をあげていたのである。そしてこの年代のどまん中、一〇二〇年の一〇月ころ、『更級日記』の作者、菅原孝標の女《むすめ》は、上総《かずさ》国府（現、千葉県市原市）から京都へ父に連れられた旅行中、駿河国で富士の活発な噴火を見ているのである。

◉第一七話

中国にも知られていた富士の噴煙

平安時代前半に詠まれた富士山を題材にした和歌の分析を通じて、九〇五年前後の短い時期に噴煙が中断した時期があったが、その時期をのぞいて、柿本人麻呂の六八〇年のころから、およそ一〇四〇年ころまでの約三六〇年間、富士は噴煙を出しつづけていたことがほぼわかった。ただし、厳密な言い方をすると、『万葉集』の年代の下限七四〇年以後、八五〇年ころの在原業平の年代まで頂上噴煙に関しては和歌がなく、この一一〇年間は噴煙については不明の時期である、というのがより正しいであろう。

この間七八一年、八〇〇―八〇一年、八〇二年、八二六年(?)、および承和年間(八三四―八四八)に噴出物をともなう噴火がおきているが、短時間で終わる噴火と長時間にわたって静かに噴きあげる噴煙とは分けて考えるべきであるとするなら、やはりこの一一〇年間、噴煙については不明とすることが合理的である。

同様に、九四五年ころから平兼盛の九八〇年の駿河赴任の際の和歌までの、約三五年間についてはやはりいまのところ富士頂上火口の噴煙を詠んだ和歌が見つからず、良心的にいうならば、この間も富士の噴煙は不明、とすべきである。

このように、今のわれわれにとって不明の時期は多少あっても、平安時代までの大部分の時期、富士には噴煙があった。それは日本列島に住むものの常識であったと考えるべきであろう。それならば、その知識は、当時、中国大陸に渡った多くの派遣使、留学生、学問僧を通じて、隋《ずい》、唐に伝わったにちがいない。しかり、当時の噴煙を出す富士は中国の文献にもちゃんと記載されているのである。その書物の名は『義楚六帖《ぎそろくじよう》』という。諸橋轍次『大漢和辞典』によると、著者の義楚は中国五代から宋初にかけての高僧で、『義楚六帖』全二四巻を著す。その巻二一「国城州市部・四十三」の項に日本のことが記載されている。

日本国亦名倭国、（中略、徐福伝説、金峯山〈吉野山系〉の説明あり）、又（都城の）東北千余里有山、名富士、亦名蓬萊、其山峻、三面是海、一朶上聳、頂有火煙

とある。義楚は『六帖』を著して顕徳の初、朝に奉り（天子の許へ著書を提出して）、明教大師の称号を賜った。「顕徳」は五代最後の王朝「後周」の第二代世宗の年号で、九五四年から九五九年までである。したがって「顕徳の初」というのは九五四年か九五五年のこととなるであろう。つまり上の文は九五四年ころに、中国の天子に提出した書物のなかに書かれていたことになる。中国側がこの情報をどのようにして手に入れたのかは明らかでないので、直接にはどの時点の富士山のようすを述べているのかは判定しがたい。『日本紀略』に醍醐天皇の延長五年（九二

七）に僧寛建が中国の商船に便乗して五代「後唐」に行ったという記事がある。この僧寛建の名は『宋史日本伝』にも記録されている。あるいは彼のもたらした知識であろうか。あるいは、中国の「正史」に記されることもなかった商人たちを通じて伝わった知識であろうか。

九五四年という平安時代前半の早い時期に、あの山を「富士」という漢字で表記すること、噴煙をあげる山であることが中国に知られていたことに注目すべきである。また、先述の『義楚六帖』の冒頭の記載は、『新唐書』『旧唐書』に明記されているように唐の時代には別の国と認識されていた「日本」と「倭」とが、この時代には同一国とみられるようになっていた。それはただ呼称の変化を意味するにすぎないのではなく、日本列島内の政治情勢の変化を意味するらしい。なお、このころの中国の一里は約五五〇メートルあまりで、「千里余」は五五〇キロメートル余となり、京都・富士山間の実距離より長めである。「三面是海」は北の富士五湖を含めていうのであろう。

◉第一八話

平安時代の後半、富士に噴煙はなかったか

一〇五〇年を過ぎると、四〇〇年もの長い平安時代の終盤ということになる。

橘為仲《たちばなのためなか》は生年不詳、応徳二年（一〇八五）没。『橘為仲朝臣集』は彼の私家集であるが、成立は死後約一〇〇年をへた治承四年（一一八〇）ころとされる。歌には月日で表された日付の記載のあるものがあるが、年を記したものがない。したがってそこに載せられた個々の和歌は詠まれた月日だけわかって年がわからないということになる。月日の順序をたどると、載せられた全一六三首は四年の期間に詠まれたものであることがわかる。つぎの歌は一年目の旧五月の歌で、富士の噴煙が詠まれている。

かきくらし晴《はる》るまのなき五月雨の　ふじの煙はなをや立らむ

さて、年次の明記されていないこの和歌集に、つぎのような方法で年次を決めることができた。すなわち、閏月《うるうづき》の配置をみたのである。この和歌が詠まれた年には閏七月があり、四年目には閏三月があった。日本の暦に関する専門書を見ると、このような組合せは彼の死亡前の八

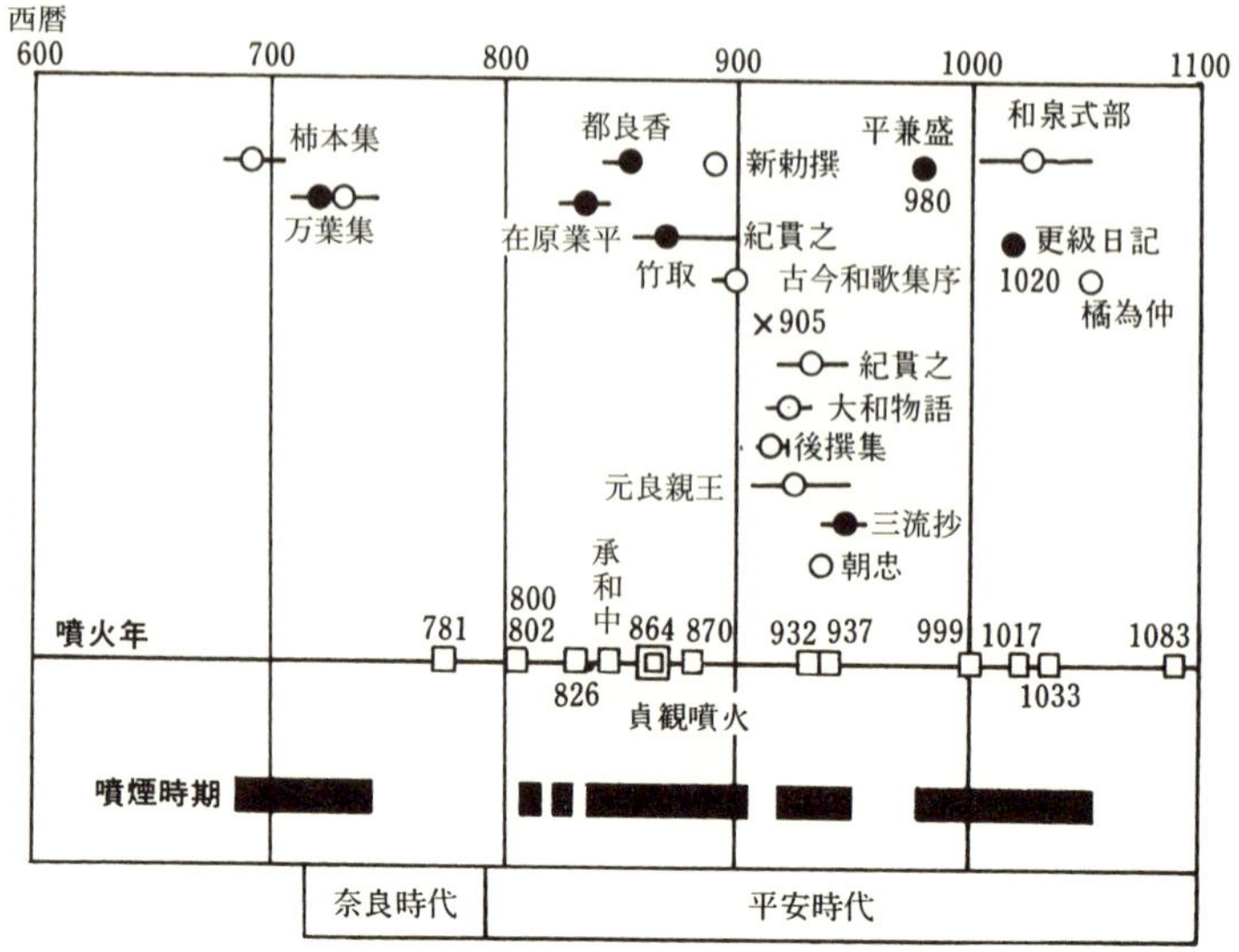

図 10　古代の富士山噴火史総括図。●は実観察者の噴煙証言、○は恋愛歌中に噴煙を詠むもの。×は噴煙なし、と証言するもの。

〇年以内には、天喜元年（一〇五三）と同四年の一回しかないことがわかる。よって、この和歌の詠まれた年は一〇五三年と確定する。ゆえにこの年、富士山に噴煙があったことがわかる。

それはいいのだが、この歌の意味をすこし冷静に考えてみよう。「いまはあたり一面暗くなって（かきくらし）晴れるときのない梅雨の季節で、（富士の頂上はいつも見えないが）富士の噴煙はいまもきっと立ちのぼっているのだろう」といっている。つまりこの歌が詠まれたときには噴煙は直接には観察されていないのである。ただし、梅雨がはじまる前には噴煙があったことを前提としてこの歌が詠まれているわけで、噴煙の存在証明の証拠力に劣ると判断するのは妥当ではないであろう。

『左京大夫顕輔卿集』は藤原顕輔《あきすけ》（一〇九〇―一一五五）の家集。第一番の歌は永久四年（一一一六）、最後の歌は死去直前の歌でほぼ年代順に排列されている。

よもすがらふじの高ねに雲消えて　清見が関にすめる月影

（富士の頂上付近には一晩中雲がなく、清見が関（現、清水市興津）の空にはくっきりと月が輝いている）

この歌のつぎの歌が『千載和歌集』にも載った歌であり、この歌とともに「歌合《うたあわせ》のときの歌である」と記してある。『千載和歌集』の注記記載からこの歌合が長承三年（一一三四）九月一三日の開催であることが判明している。よって上の歌もこのとき詠まれたことがほぼまちがいない。この歌には、雲もなく澄みきった夜空に輝いた月とそれに照らされて稜線がはっきりと見える富士を対比させている。

私ひとりの「深読みのしすぎ」かも知れないが、「雲消えて」と詠まれたとき、噴煙がもくもくと出て頂上付近が煙っていたら、とてもこんなクリアなイメージの歌などうたう気にならないのではないだろうか。「雲と噴煙とは別だ」「雲はないといったが噴煙はないとはいっていない」という理屈で、「この歌からは噴煙のことはなにもわからない。だって明記していないじゃないか」というのは無骨《ぶこつ》な解釈であろう。「頂上付近は雲も煙もなく澄みきっていた」からこそ、この和歌が詠まれたのではないだろうか。したがって、厳密には不明ながら、一一三四年には、富士に噴煙はなかったと示唆される。

橘為仲の和歌の一〇五三年以後、鎌倉開府の一一八五年までの一三二年の長い期間に富士を詠んだ和歌が非常に少ない。この時期は和歌自体はさかんに詠まれた時期である。この史料の空白がたんに私の調査が不十分なためであるのか、なにか本質的なことを意味しているのかはわからない。「なにか本質的なこと」とは？　つまり、ズバリいうとこの一三二年間、噴煙が出なくなって、富士が恋心にたとえるのにふさわしい状態ではなくなった、のではないだろうか。

ここで、平安時代末までの富士の噴火・噴煙の有無を図のかたちでまとめておく。（図10）

◉第一九話

鎌倉時代の和歌集から――前編

この項から鎌倉時代（一一八五―一三三三）の富士の話になる。平安時代の終わりの一〇〇年あまりはどういうわけか富士の噴煙を詠んだ歌がひとつも現れない。橘為仲が一〇五三年に噴煙があることを示唆する歌を詠んで以後、ほぼ鎌倉時代の直前までの約一〇〇年のあいだ、富士の噴煙を詠んだ人がないのである。おそらくはこの間、富士には噴煙はなかったのであろう。

鎌倉時代は、政治の中心が京都と鎌倉の二ヵ所にあったことから、東海道を旅行した人の紀行文が数多く遺存しており、そのなかに富士のありさまを述べるものがある。また、文学的には低調平板といわれながらも平安時代の『古今和歌集』などを模した和歌集も作られ、富士の噴煙を述べるものがある。

それでは、旅行者のトップバッターとして、西行法師（一一一八―九〇）にご登場願おう。彼は本名を佐藤義清《のりきよ》といい、和歌は『山家集《さんかしゅう》』に収められている。

けぶり立つ富士に思ひの争ひて　よだけき恋をするが辺ぞ行く

「よだけき」は「おっくうな」の意。西行は二三歳のとき出家して、以後死にいたるまでの五〇年間諸国を旅した。したがってこの歌も一一四〇年から一一九〇年のあいだのいずれかの時点で詠まれたものであることがわかる。もっと年代をはっきり限定できることが望ましいのであるが、残念ながら、一一四〇年から一一九〇年のあいだのいずれかの時点としかいえない。ただ一一六八年には彼は五〇歳になっており、五〇過ぎの坊さんが恋の歌なんて……まっ、個人の自由だから詠んでもいいか。時代区分的には平安時代の末期の歌である可能性が高い。ともあれ、富士の噴煙が途絶えたのではないかと思われる平安時代終盤の一〇五三年以後一〇〇年以上の噴煙情報の欠落期が、この西行の和歌によって終わりを告げられるのである。

平安時代中期から鎌倉時代にかけて貴族のあいだで流行した和歌の発表形式に歌合《うたあわせ》というものがある。これは歌人たちが左右の組に分かれ、各組の和歌一首ずつを組み合わせて何番かに構成し、各番ごとに優劣を決めていくもので、その判定をする人を判者《はんじゃ》とよぶ。実際に日を決めて貴人の邸宅に大勢の歌人が集まり盛大に催され、そこで披露された和歌と判定結果がひとつの書物となって歌合集として現代に伝わっているものがある。

これが本来の歌合であるが、実際には大勢の歌人が集まったりはせず、各歌人の私家集などですでに発表された和歌を適当に組み合わせて、後世の人が判者となって、本人とかかわりなく勝手に判定を下し、本来の歌合集に似せて作られた書物がある。これはできあがった本の形式は本来の歌合集とそっくりであるが、あくまで後世の人の机上の産物である。

さらに時代が下ると、左右の組の歌人の年代が明らかに大きく食いちがっているものや、左組は和歌、右組は漢詩という変則の組合せのものまで現れる。『慈鎮和尚自歌合《じちんおしようじかあわせ》』は、机上作「歌合集」のひとつで、慈鎮とは百人一首では大僧正慈円と紹介されている僧の諡《おくりな》（人の死後に贈られる尊称）である。彼の私歌集を歌合集の形式にしたものである。「歌合集」である以上、異なる二人の歌を左右の組に突き合わせて歌の優劣を競う形式であるべきところ、左組も右組も慈鎮和尚であることから「自歌合」という書名になっている。『群書解題』によると、成立は建仁三年（一二〇三）ころとされ、歌の年代は建久四年（一一九三）から建仁二年の一〇年間に詠まれた歌とされる。七個の小項目に分類され、「十禅師十五番」の一一番右の歌は、

秋風にふじの煙のなびけるを　待とる雲も空に消えぬる

とあり、また、「三宮十五番」の一〇番右の歌は、

ふじのねもあさまの山もをのづから　たえだえにこそ煙立つなれ

とあり、一一九三―一二〇二年のころ、富士も浅間山も「たえだえ」にではあったが、ともに噴煙をあげる山であったことがわかる。

『拾遺愚草』は藤原定家の歌集で、建保四年（一二一六）成立。治承五年（一一八一）以降の定家の歌の約三七〇〇首を集めたもの。ひとりで三七〇〇首とはスゴイですネ。つぎの歌は「内裏百首、名所」のなかにある。

あまのはらふじのしば山しばらくも　けぶりたえせず雪もけなくに

この歌の成立年は明記されていないが、建保三年九月一三日と明記された「内大臣家百首」の項目の直後にあるので、建保四年か同五年に成立したものと考えられる。富士を実地に見て詠んだ歌ではなく、全国の名所一〇〇ヵ所を、京都にいていわば座興で詠んだものである。証拠としての確実性に欠けるが、一二一五―一六年ころ富士は噴煙をあげていたことが証言されている。

『新古今和歌集』は元久二年（一二〇五）にいったん成立した勅撰和歌集。その後承元四年（一二一〇）ころまで削除、追加がなされたことが指摘されている。歌数約一九〇〇首。載せられた個々の歌の実際に詠まれた年代は、この歌集の成立年より相当古いものがある。以下富士の煙を詠んだ歌を掲げるが、冒頭の数字は岩波文庫本の通し番号である。

百首歌奉りし時　前大僧正慈円

33あまのはら富士の煙の春のいろの　霞になびくあけぼののそら

慈円は久寿二年（一一五五）生、嘉禄元年（一二二五）没、大僧正になったのは建仁三年（一二〇三）。この坊さん実はさっきの慈鎮和尚と同一人物だとはボクは人から教えてもらってやっと知りました。富士の歴史時代の噴火年表を作成した草柳（一九八三）はこの歌を建暦三年（一二一三）の歌としている。ただし、正治二年（一二〇〇）の「初年度百首」にも載っている。

鎌倉幕府創立者である初代将軍源頼朝も『新古今和歌集』のなかに富士の噴煙の歌を残して

いる。

975道すがら富士の煙もわかざりき　晴るる間もなき空の景色に

この歌の記載のところに「前右大将頼朝」と記してある。頼朝は久安三年（一一四七）生、正治元年（一一九九）没。右近衛大将になったのは建久元年（一一九〇）ですぐ辞した。鎌倉幕府の初代将軍となる。「道すがら」は旅行中の意味であるが、頼朝の行動を調べてみると、富士近傍を通過するのは(A)一一六〇年平治の乱に敗れて伊豆に配流、(B)一一八〇年石橋山の戦い、(C)一一八四年平家追討、(D)一一八九年奥州征伐、(E)一一九〇年入京、(F)一一九二年鎌倉入り、(G)一一九五年東大寺再建供養のため鎌倉より近畿往復、の七回になる。

上の歌はこれらのどの旅行中に詠まれたものかはわからない。ただ、配流中の一一五九年は勅撰和歌集に載せるのにふさわしくなく、またこのときは「前右大将頼朝」の称号が不適切なので除くと、一一八〇―九五年のいずれかの旅行中の歌と思われる。一一九二年が有力との心証はあるが、あえてこれに限定しない。「天候が悪くて噴煙が見えなかった」が和歌の意味であるが、「晴れたら見える」が常識化しているからこそこの歌が詠まれたのであろう。

◉第二〇話

鎌倉時代の和歌集から——後編

『新古今和歌集』のなかから、さらに富士の噴煙をテーマとする歌をさがしてみよう。

題しらず　　紀　貫之

1008 しるしなき煙を雲にまがへつつ　世を経て富士の山と燃えなむ

清原深養父

1009 煙立つおもひならねど人知れず　わびては富士のねをのみぞなく

右の歌の成立年は不詳、また清原深養父《きよはらのふかやぶ》は生没年不詳であるが、寛平—延喜（八八九—九二三）の人である。したがって、この両歌とも平安時代初期の富士の噴煙を詠んだ歌である。

藤原家隆朝臣

1132 富士の嶺の煙もなほぞ立ちのぼる　うへなきものはおもひなりけり

藤原家隆は嘉禎三年（一二三七）に八〇歳で没。元久三年（一二〇六）宮内卿となる。『新古今和歌集』の撰者のひとり。彼の私家集『家隆百番自歌合』（一二一七—一八年成立）にも「七四番右・

左大将家百首」として載せられている。この歌集は文治二年（一一八六）から建保五年（一二一七）までの歌を集めたものとされる。この年代に催された「左大将家百首」の歌会をさがすと、建久四年（一一九三）に「左大将家百首歌合」がおこなわれたことが『新勅撰和歌集』（岩波文庫本）に説明されており、この歌もその席での作とみられる。すなわちこの歌は一一九三年に噴煙があったことを証言するものである。

1613 風になびく富士の煙の空に消えて　ゆくへも知らぬわが思ひかな

西　行

西行法師が陸奥国《むつ》へ修行に下ったときの作で、文治二年（一一八六）のことである。西行はこの歌でも鎌倉時代の富士の噴煙の記事のトップバッターの役を果たしている。

『明日香井《あすかい》和歌集』は飛鳥井（藤原）雅経《まさつね》（一一七〇—一二二一）の私家集。建久九年（一一九八）以後の歌会での和歌を載せる。そのうち「詠百首和歌」の項目に「恋十首」が載っていて、富士の歌がはいっている。

煙たつふじの高嶺のよそにだに　たえぬ思ひを空にしれつつ

この歌の詠まれた「詠百首和歌」の開催日は明記していないが、直前の項目である「詠千日影供《えいぐ》百首和歌」が元久二年（一二〇五）正月九日、つぎの項目の「春日社百首」が元久二年一二月三日とあるので、「詠百首和歌」も同年と推定される。すなわち、一二〇五年、富士山に噴煙あり。詠まれた年がピタリと特定できる数少ないケースである。

つぎに、『金槐《きんかい》和歌集』をみる。これは源実朝（一一九二—一二一九）の歌集。実朝は周知のとおり鎌倉幕府の三代将軍。わずか満二七歳で甥の公暁《くぎょう》に暗殺されている。建暦三年（一二一三）奥書の藤原定家所伝本が定本とされる。つぎに掲げる恋の歌が、（一四歳以下の少年が恋の和歌を詠んではイケナイわけではないが）彼が一五歳以上のときに詠まれたとすると、この歌の詠まれたのは一二〇八年から一二一三年までの六年間以内に時間が限定されることになる。

492富士のねの煙も空にたつものを　などか思ひの下に燃ゆらむ

したがって、一二一〇年ころ、富士を日常的に見ることのできる鎌倉に住んでいた実朝によて、富士の噴煙は存在したことが証明される。三三四番の歌も富士を詠んでいるが、これには煙は詠まれていない。

鎌倉時代は和歌の多く詠まれた時代、少々しつこい感じがするがもうすこしみておこう。『新勅撰和歌集』は貞永元年（一二三二）後堀河天皇の命を受けて藤原定家が撰した和歌集で、文暦二年（一二三五）に成立。歌数約一三七〇首。富士山の歌はつぎのとおり。

入道二品親王家に五十首歌よみ侍けるに寄煙恋

入道前太政大臣（西園寺公経）

687ふじのねのそらにやいまはまがへまし　わが身にけたぬむなしけぶりを

西園寺《さいおんじ》公経《きんつね》は承安元年（一一七一）生、寛元二年（一二四四）没。「入道二品親王家の五十首歌」というのは、同歌集一〇七九番に入道二品親王道助の名がみえ、その歌が「家に五十首歌よみ侍ける秋歌」の表題のあることから、この歌会と同一であって、つまり親王道助の家で開催されたものであろう。岩波文庫本の解題によると、この歌会は建保六年（一二一八）に開催されたとあり、こうしてこの和歌が建保六年に詠まれたものであることが知られる。ゆえに、一二一八年には富士に噴煙があったことが判明する。

百首歌よみ侍ける忍恋　　　　　　　　　前関白（九条道家）

688 わがこひのもえてそらにもまがひなば　ふじのけぶりといづれたかけん

九条道家は建久四年（一一九三）生、建長四年（一二五二）没。安貞二年（一二二八）一二月関白就任、寛喜三年（一二三一）七月辞任。ただしここにいう「前関白」の称号は和歌集が編纂された時点の称号であって、この歌を詠んだときの称号とは限らないので、この称号から歌が詠まれた時点を推定することは困難である。この歌の表題に記された「百首歌」について考察してみよう。

『新勅撰和歌集』のなかに採用された「百首歌」は、康和年間（一〇九九—一一〇四）、久安六年（一一五〇）、治承二年（一一七八）、正治二年（一二〇〇）、建保三年（一二一五）、貞永元年（一二三二）の六回である。このうち最後の貞永元年のものだけをただ「百首歌」とよび、他の百首歌は年号、あるいは開催家の名でよぶのが『新勅撰和歌集』の表記ルールである。藤原定家の日記『明月記』には『新勅撰和歌集』編纂にかかわる貞永元年の「百首歌」の延期と開催の事情が書かれている。『新勅撰和歌集』の撰者がほかならぬ定家であるから、ただ「百首歌」といえば貞永元年のものに決まっていたのである。よって、上の九条道家の和歌が貞永元年に詠まれたものであることが知られる。つまり、一二三二年、富士山には噴煙があったことがわかる。

（題しらず）　九条大臣（九条師輔）

728ふじのねにけぶりたえずときしかど　わがおもひにはたちをくれけり

この和歌は年代が定めがたい。

建保三年（一二一五）歌合に　藤原信実朝臣

986あづまぢのふじのしばやましばしだに　けたぬおもひにたつけぶりかな

歌合の開催年が明記され、一二一五年に富士が噴煙をあげていたことを示している。

名所百首歌たてまつりける時よめる　従三位範宗

1297世とともにいつかはきえむふじの山　けぶりになれてつもるしらゆき

従三位範宗の姓と生没年、「名所百首歌」の開催年については不詳である。

以上、鎌倉時代の前半に富士の噴煙を詠んだ歌がどっさりあることがわかった。鎌倉時代は首都が鎌倉と京都の双方にあった。鎌倉からは日常的に富士を見ることができる。また鎌倉・京都間の通行も非常にひんぱんになった。和歌の述べる事実の信憑性が平安時代よりいちだんと高いとみられるのである。

ところで、これまでにあげた和歌の文学作品としての、評価については……すんまへん、ボク文学にほとんど興味おまへんのや。ただ、富士山の火山活動のデータとしてだけみてまんのや。なんせ無粋で、かんにんしたっておくんなはれ。

◉第二一話

鎌倉時代の物語と紀行文

鎌倉時代は京都と鎌倉に日本の中心があった時代であるから、この二都市を行き来する人が急増した。その人たちの書き残した記録も多数現代に残っている。あるいは物語の一部に、東海道の旅行の場面が現れることがある。また、幕府のあった鎌倉からは日常的に富士山を観察することができる。このようなことから鎌倉時代（一一八五—一三三三）の富士噴煙の記事は平安時代よりも、いちだんと信頼性の高いものが多い。物語や紀行文は、京都など遠方で詠まれ、恋心のたとえに使われた和歌などよりも優れた噴煙の直接証拠ということができる。

まず『住吉物語』『海道記』、それに『東関紀行』をみておこう。

『住吉物語』は承久（一二一九—一二二二）ころ成立の作者未詳の物語。紀行文ではなく継子いじめを題材とした説話である。富士について述べた和歌が二首載せられている。

よとともに煙絶やせぬ富士のねの　下の思ひや我が身なるらむ

ふじのねの煙ときけばたのまれず　うはの空にや立ちのぼるらむ

この本ができた承久年間ころ、「富士山は噴煙が絶えず立ちのぼっている山である」というのが、当時の人ならだれでも知っている常識であったことを示している。ところでここでは富士の煙が恋心ではなく、空に立ちのぼってうすくなって消えていくはかなさ、あるいは頼りなさを、わが身になぞらえていることに注意。といってもまあ、火山学的な興味からは、噴煙があったことだけわかればいいので、こんなこと注意しなくても、まったく関係ないけど。それじゃ、とりあえず文学に興味ある人だけ注意。

『海道記』については前にも少し述べた。この文の作者は貞応二年（一二二三）四月四日京都出発、一四日蒲原出立、一七日鎌倉に着く。彼は浮島ヶ原（現、富士市、JR東田子の浦駅付近）で富士山の噴煙を見て、つぎのような記述をしている。（なお、「二泉」をめぐる原文の問題点は61ページを参照。）

　山の頂に泉あり、湯のごとくにわくといふ。昔はこの峰に仙女常に遊びけり。ひがしふもとに新山と云ふ山あり。延暦年中に天神くだりてこれをつくといへり……。

　問《とい》きつるふじの煙は空にきえて　雲になごりの面かげぞたつ

さらにこの地方の民間伝承を記録しており、富士山の山頂に沸騰する火口湖があること、仙女の伝説、および東の麓、須走口旧一合目の寄生火山「新山（小富士）」が延暦年間（七八二―八〇六）の噴火によるものだ、という口頭伝承を記録している。

頂上の沸騰する火口湖の話は古い過去の話ではなく、この当時この地方にいて実際に頂上まで登山した人の証言によるものであろう。「新山」の伝承が前に述べた都良香の「富士山記」

と同一の伝承をキャッチしたものであることはいうまでもない。

この『海道記』の筆者は不明であるが、成立年については疑うべき点はなく、一二二三年四月ころ、富士は噴煙をあげており、また頂上に沸騰する火口湖があったことは確証されるのである。

『東関紀行』は、前河内守（源）親行《ちかゆき》著、仁治三年（一二四二）八月一〇日過ぎ京都発、東海道を東行して、浮島ヶ原でつぎの和歌を詠んでいる。


影ひたす沼の入えにふじのねの　煙も雲も浮島がはら

この和歌は京都で詠まれたものではなく、東国への旅行中、駿河国の浮島ヶ原で詠まれたものであって、紀行文の一部である。一二四二年八—九月ころには、富士は噴煙をあげていたことを、この紀行文の筆者は直接証言しているものである。

◉第二二話

鎌倉時代後期の和歌

今度は鎌倉時代後半の噴煙を詠んだ和歌を紹介しよう。

『続《しょく》後撰和歌集』は後嵯峨《ごさが》上皇の命により藤原為家が撰んだ和歌集で全二〇巻、建長三年（一二五一）に成立。一三六八首からなる。つぎの歌がある。

はては身のふじのやまともなりぬるか　もゆるなげきの煙たえねば

（おれも最後にゃ、あの富士山のようになっちゃうのかよう、嘆きの煙がいつまでもつづいちゃってよう）

この歌の制作年は不詳であるが一三世紀前半に富士の噴煙があったことのひとつの徴候とすることができるであろう。「なげき」の中身は、かなわぬ恋とおぼしいけれど、はっきり書いてないのでこれだけではわからない。あんがい長期の住宅ローンだったりして。この本の改訂版を出す二十一年後にも住宅ローンは終わってないしなあ。年金暮らしにはこたえるよなあ。ま、身につまされる話が出たところで、つぎにいきましょう。

『撰集抄《せんじゆうしよう》』は全九巻の仏教説話集。西行（一一一八―九〇）の作と伝えられるが疑わしい、とされる。『群書解題』に鎌倉時代中期の寛元―建長年間（一二四三―五六）成立の説を載せる。それなら西行の作ではありえないことになる。「十二、武蔵野の事」のなかに、

むねのけぶりは富士のたかねにまがひ……

という一節がある。『群書解題』にしたがうならば、一二四三―五六年のころ、富士は噴煙をあげていたことになろう。

後嵯峨天皇の皇子、中務卿宗尊《むねたか》親王は仁治三年（一二四二）生、文永一一年（一二七四）三三歳で没している。建長四年（一二五二）から文永三年まで鎌倉幕府六代将軍。将軍とはいっても執権であった北条時頼が、一三歳の彼を京都から呼び寄せて仕立てあげたロボット将軍であって、実権はなかった。彼の和歌集に『瓊玉和歌集《けいぎよくわかしゆう》』というのがある。撰者は真観（俗名は葉室光俊）、文永元年一二月の成立で「雑歌・上」の部につぎの歌を載せる。まず「人々によまさせ給し百首に」とあって、

ふじのねやいかに思ひのもえ初《そめ》て　雪にもけたぬ煙成らん

（富士山の煙は、どういう感情のために燃えはじめるようになったのでしょう、あんなに雪がふっても消えることのない煙をたてつづけて）

となっている。なんともカマトトな将軍さまだこと。「クジラはなぜ潮を吹くんでしょう」、「ヘンゼルとグレーテルの森の中のお菓子の家になぜ蟻がたからないのでしょう」、ンーなこと

知るかい。

ここにいう百首歌の開催された年代は不明。鎌倉将軍職時代の歌にはまちがいない。やはり恋の歌であるが、常識的に詠まれたのが一五歳以上であるとすると、一二五六年から一二六四年までの九年のあいだの歌ということになる。作者が毎日富士を見ることのできる、鎌倉に常住していた人であることに注目すべきである。京都在住の貴族などとは異なり、富士の噴煙に関しては直接証言者ということになる。

『群書類従』の正編一七九巻に『三百首和歌』という、やはり宗尊親王の和歌集が紹介されており、その「雑歌ノ部」に、富士の噴煙の歌が載っている。


駿河なる富士の白雪消ゆる日は　あれども煙たたぬ日はなし

実権なき将軍ではあっても、日々鎌倉で間近に見た富士の姿をこのように表現している。これは旅行者の証言よりもいちだんと強力な証言というべきであろう。この歌は、すでに『日本の火山災害』(村山磐著、講談社ブルーバックス)で紹介されているが、そこでは『宗尊親王三百六十首』にある、と書かれている。これは正しくなかった。元も調べず鵜呑みに孫引用するとひどい目にあいますぞ。白状すると、ボクも最初の原稿でこれをやらかしまして、文献チェックやってらっしゃるひとに「『宗尊親王三百六十首』ニハコノ歌ハ見アタリマセン」なんて書かれちゃいました。ソウデシタカ。孫引用はコワイですネー、コワイですネー。淀川長治さんも、もう十七回忌か、早いものですねえ。

ところでこの単純な歌、これでも名歌になるのかね？「あしひきの山鳥の尾のしだり尾の長々し夜を一人かも寝ん」、意味「ながーい夜、ひとりで寝る」、これも名歌かね？わしゃさっぱりわからん。これ柿本人麻呂の歌なんだって？何かのまちがいじゃないの？

彼の同時代人である、親鸞も日蓮も、頼朝も義経も、噴煙あがる富士を見ていたのである。

◉第二三話

噴煙が消えた！

証言者は飛鳥井雅有と阿仏尼

これまでながながと古い時代に富士に噴煙があがっていたことを示す文学作品を紹介してきた。鎌倉時代中期のここまでは、積極的に富士の噴煙がないことを明記する文献は延喜五年（九〇五）の『古今和歌集』序文以外、ほとんど皆無であった。話が鎌倉時代の半ばをすぎて、ついに富士が長期的に噴煙を止めたことを語る文献を紹介することになる。

その文献は『隣女和歌集』という。これは、飛鳥井《あすかい》雅有《まさあり》（一二四一—一三〇一）の私家集で、永仁年間（一二九三—九九）の成立。ただし含まれる歌が実際に詠まれたのは建治三年（一二七七）までであるとされている。巻一の正元年中（一二五九—六〇）、恋の部につぎの歌がある。

煙たつ思ひは誰もするがなる　富士の高根をよそにやはみる

また、雑の部につぎの歌がある。

あまのはらふりさけみれば東路や　ふじの煙に秋風ぞふく

あとのほうの歌は、詠み手が自分の目で富士を見たときの作であろう。すなわち一二五九年ないし一二六〇年にはたしかに富士の噴煙は実見されている。
巻二は文永二―六年（一二六五―六九）のあいだに詠まれたものと明記されている。雑の部の後ろのほうに、京都から鎌倉へ行き、また京都へもどるときに作った歌が載っており、やはり富士をうたったものがある。「かへりのぼり侍《はべり》し時ふじの山を見て」とあって、

富士の根の煙はたえて年ふるに　きえせぬ物は雪にぞありける

（富士の高峰の煙は出なくなって幾年か過ぎてしまったが、いつまでも消えないものは、ただ雪であることよ）

ここではは っきりと、噴煙は出なくなって何年か経過した、と証言されているのである。つまり富士は一二五九―六〇年のころにはたしかに噴煙があった。しかし、一二六八―六九年のころには、噴煙がとだえて何年か経過した状態であった。この富士の噴煙の重大な活動の変化が、飛鳥井雅有によって証言されているのである。
巻三は文永七―八年（一二七〇―七一）の歌集で、その秋の部につぎの歌がある。

神もなを月見むとてやふじの根の　けたぬおもひも煙たえなむ

意味は、神様も人間とおなじように月を見たいという消すことができない思いがあって、煙を絶やしてしまわれたのだろう。そのために富士の煙が出なくなってしまったのだろう。「けたぬ」は「消さない」の古語。ここでは噴煙の途絶の事実を追認し、なおかつ理由を神の意思に求めている。さらに、恋の部には、

ふじの根のかみだにけたぬ煙をも　猶したもえに我ぞ年ふる

とあって、「富士の煙は神さえ消すことができないであろう。老人となった私もそれ以上に『したもえ（隠れて燃える火）』に心のなかの火は燃えつづけているのですよ」。この歌は富士の噴煙がまだ見えているといっているのではなく、火が隠れてしまったがまだ燃えているのだ、と「したもえ」という言葉を使って主張しているのである。あるいは「したもえ」を「非常に勢いの衰えた煙」の意味で使い、現実にはほんのわずか噴煙、あるいは熱気が見えることがあって、富士山の山体のなかはまだ火があることを実際に確認して、この表現にした可能性がある。

同部には、

ふじのねの空し煙に年はへぬ　ならぬ思ひのなをばたてつつ

ふじのねのもえつつとはに立煙　さのみ思ひによをや尽さん

とあり、いずれも富士は永遠に煙をあげていてほしかったのに煙が見えなくなって残念だ、という心情が表現されているのである。

さらに同じ巻三の雑の部に、旅行中に詠まれたつぎの歌がある。

ふじの根の煙の故はしらね共　たえぬ思ひのたくひとぞなる

「富士山の煙が出る理由は知らないけれど、終わることのない恋心のたとえ言葉になっている」と訳せるであろう。言外に「そうであるのに、富士の煙は絶えてしまった」の含みがある。「たくひ」は「類」と「焚く火」をかけている。さらに「駿河へくだる人にたきものつかはす

とて」とあって、

行くかたの山はふじのねくらべみよ　我したもえのおなじ煙に

やはり富士の「したもえ（潜在化した火）」に自分をたとえている。すなわち、一二七〇―七一年のころ、富士の噴煙の途絶えたありさまをさらに追認しているのである。

なお、『隣女和歌集』というのは、自分の「拙劣な和歌」と謙遜しているようすを、あまり美しくない隣家の女の容貌にたとえたものだそうだ。ア、ゆってやろ。飛鳥井雅有のトナリのおネエさんが聞いてはったらきっとオコラハルデ。

『隣女和歌集』はこのくらいにして、実は一二六〇年から六九年のあいだに富士の噴煙が止まったことを証言する人が、飛鳥井雅有のほかにもうひとりいた。その人の名は阿仏尼という。彼女の書いた『うたたねの記』は、一二四〇年ころ、父とともに東海道を東行した際の紀行文である。

（興津にて）不二の山はただここもとにぞみゆる。雪いとしろくてこころぼそし。風になびくけぶりのすゑもゆめのまへに哀れなれど、……

とあるので、一二四〇年のころまで富士はたしかに噴煙をあげていた。このときは富士山はまだ活火山である。ただ、煙はよほど勢いが弱そうに見えたので、「風になびくけぶりのすゑもゆめのまへに哀れ」と、書いている。

この阿仏尼は『うたたねの記』を書いてのち約四〇年を経て、夫である藤原為家の死後、実子為相の播磨細川の所領を継子為氏によって横領されたので、その訴訟のため京都から鎌倉へ東行した。そのときの紀行文が『十六夜《いざよい》日記』である。これは、弘安五年（一二八二）ごろ成立。富士山の事情は、弘安二年一一月二六日、興津滞在中の文に現れる。

ふじの山をみればけぶりもたたず。むかし父の朝臣にさそはれて、「いかになるみの浦なれば」、などとよみしころ、とをつあふみの国（遠江国）までは見しかば、ふじのけぶりのすゑもあさ夕たしかにみえしものを、いつのとしよりかたえしとゝへば、さだかにこたふる人だになし。

この文の筆者は自分が若いころ父親の平度繁《のりしげ》にこの地方を旅行につれていってもらい（これが『うたたねの記』の旅）、そのときたしかに噴煙を見た記憶があるのに、いまは煙は見えない、地元の人に聞いてもいつから煙が出なくなったのか答えられる人もいない、といっているのである。すなわち、富士山の噴煙は一二四〇年ころたしかに見えていたのに、一二七九年には絶えて見えなくなっていた。阿仏尼もまた、この富士山の大きな活動変化のもうひとりの証人の役目を果たしてくれたのである。

飛鳥井雅有と阿仏尼はもちろんまったく無関係な他人どうし。相互に無関係な二人以上の人が、同じ事実をまったくちがう言葉づかいで語るとき、その語られた内容は真実と断定してよろしい。こういうのを本当の「正論」というのだ。

◉第二四話

一二六〇年代の噴煙の途絶

鎌倉時代のはじめ、一一八六年のころから絶えることなくつづいてきた富士の噴煙は、一二六〇年から七〇年までのあいだに止まってしまった。このことを、飛鳥井雅有は『隣女和歌集』で証言し、阿仏尼は『うたたねの記』と『十六夜日記』という二つの紀行文で証言した。この証言は互いに無関係な二人の独立したものであるため、きわめて信頼性の高いものである。それでは、噴煙の途絶えた一二七〇年以後の富士のようすについて証言してくれる第三、第四の人物はいるだろうか。この問いの答えは、もちろんイエスである。

『春能深山路《はるのみやまじ》』の著者は『隣女和歌集』と同じく飛鳥井雅有であって、弘安三年（一二八〇）に書かれた日記体の紀行文である。雅有はこの年の一一月一八日熱田宮（名古屋）、二四日富士川、二五日箱根を通っている。二四日の条に吉原（現、富士市）で休憩中に見た富士山の記載がある。

あまり寒ければ、しばをりくべて、つくづくとふじの山を見やりてぞゐたる。……けぶりのたつこと、竹取りのおきなの物語にぞ。ふし（不死）のくすりを此山にてたきたりしに、それよりたつとはみえて侍れど、猶おぼつかなし。

（あまり寒かったので、たきぎを燃やして、じっくりと富士を観察して見た。富士山に煙が立つということは、『竹取物語』に不死の薬を燃やしたので、それ以来噴煙があがっているのだと読んだことがある。けれど、どうもはっきり煙が見えなかった）

ここでこの日記の筆者は、「竹取物語で有名な富士の煙は不死の薬を燃やして以来たちのぼっていると本のなかに見えている」とわざわざ書きおこしており、その知識をもって、富士の山頂をじっと目を凝らして（つくづくと）見た、というのである。ところが期待に反して煙はハッキリとは見えなかった。「猶おぼつかなし」とあり「そういわれてはいるんだが、正直いってはっきり見えないなあ」の言葉づかいに、この文の筆者の観察結果の正直さをうかがうことができる。王様ははだかだという強い人。財界にやたらゴマする弱い記者《ひと》。

つまり、阿仏尼が『十六夜日記』を書いた年の翌年の一二八〇年にも富士の煙は立ちのぼってはいなかった。もっと正確には、平地からじっと目を凝らしてみても、観察できるほどの煙はなかった、のである。

『問はず語り』（一三〇六―二四年成立）は源雅忠の娘、二条の自伝。宮内庁書陵部蔵の唯一の写本が現代に残るのみである。著者が書いてから、昭和二五年（一九五〇）に活字本として公開されるまで六〇〇年あまり、人に知られることがなかった。この文の作者が三二歳になった年の、正応二年（一二八九）の二月二〇日過ぎに京都発で鎌倉へ向かっている。三月二〇日過ぎに江ノ島着と記してある。途中浮島ヶ原（現、富士市）を通過中、富士山のことを書いている。

　富士のすそ、浮島が原にゆきつつ、たかねには、なほ雪ふかく見ゆれば、五月のころだにも、かのこまだらには残りけるにと、ことわりに見やらるるにも……、煙も今は絶え果てて見えねば、風にもなにかなびくべきとおぼゆ。

つまり、「富士の雪は夏の盛りの五月でさえ山肌にまだらもように残って見えるという。ましていまは早春の季節であるから雪が深いのも当然に見える。あの有名な噴煙もいまは絶えて出なくなったので、いったい風でなにがなびくのであろうか」といっているのである。すなわち、一二八九年二、三月ころ、富士に噴煙はなかったことが、この文で明白に語られているのである。

◉第二五話

元弘富士川地震の発見

富士の噴火と密接な関係のある、富士の近くで鎌倉時代末におきた地震の話をしよう。

鎌倉時代の終わりに近い、元弘元年（一三三一）に、富士山地方に大きな地震があった、という記事が『参考太平記』という本に載っている。原文は「又同七月七日ノ酉ノ刻ニ、地震有テ、富士ノ絶頂崩ル事、数百丈ナリ」であって、地震は七月七日の酉の刻、つまり午後六時ころにおきた。一丈は約三メートルである。富士の頂上付近で一—二キロメートル程度、岩石斜面の崩落があった、というのである。『太平記』の古い系統の本では「絶頂」が「禅定《ぜんじょう》」になっている。「禅定」とは山岳仏教の修験者の訓練（行、「ぎょう」という）のこと。ここでは、その登山訓練場となっていた切り立った岩場をいうのであろう。「禅定」という特殊な言葉の現れるほうが『太平記』本来の記載であると推定される。この地震のことを伝える文献は従来『太平記』のこの短い記事ひとつしか知られていなかった。

『太平記』は南北朝時代の戦乱を描いた作者不詳の軍記物語である。一三六〇年ころ成立したものとされる。軍記物語という文献の性格上、プロの文献学者の目からは、記載されたことがらが客観的な事実であるかどうかの信憑性がいまひとつ、とされる。「講釈師、見てきたようなウソをいい」に似た印象をもたれているためであろう。このため、『資料・日本被害地震総覧』（宇佐美龍夫著、二〇〇三年改訂版）ではこの地震の存在は「疑わしい」と書かれ、『理科年表』では、一九八九年以後発行分からはこの地震の記事はついに削除されてしまった。地震学アカデミズムからは認知が拒否されたのである。

ところが、この地震に関する独立した史料が見つかった。静岡市駒形の感応寺（日蓮宗）の伝承である。この寺は、秋篠宮妃（旧姓川嶋）紀子さまの実家の菩提寺としてテレビにも映された。このお寺の伊藤通明住職からつぎのようなお手紙をいただいた。

「この寺は最初真言宗感応山滝泉寺として文徳天皇の仁寿二年（八五二）に開山し、その後建治二年（一二七六）に日蓮宗に改宗されました。当時は今の富士市にありましたが、後醍醐天皇の元弘元年（一三三一）七月七日、第三世真如房日寿上人の代に大地震により崩壊しました。その後、後土御門天皇の文明元年（一四六九）駿府に移築されました。さらに天正年間（一五七三―九二）に家康の命により現在地に移りました」

つまり、感応寺は文明元年より以前は現在の富士市の市域にあって滝泉寺と称していたが、ここで元弘元年に地震にあって寺は崩壊した、というのである。この手紙にある地震の日付の「七月七日」が『参考太平記』の記載とピタリと一致していることに注意。「疑わしい」どころ

図 11　元弘元年の地震をうらづける資料を有する感応寺。　＝静岡市駒形通

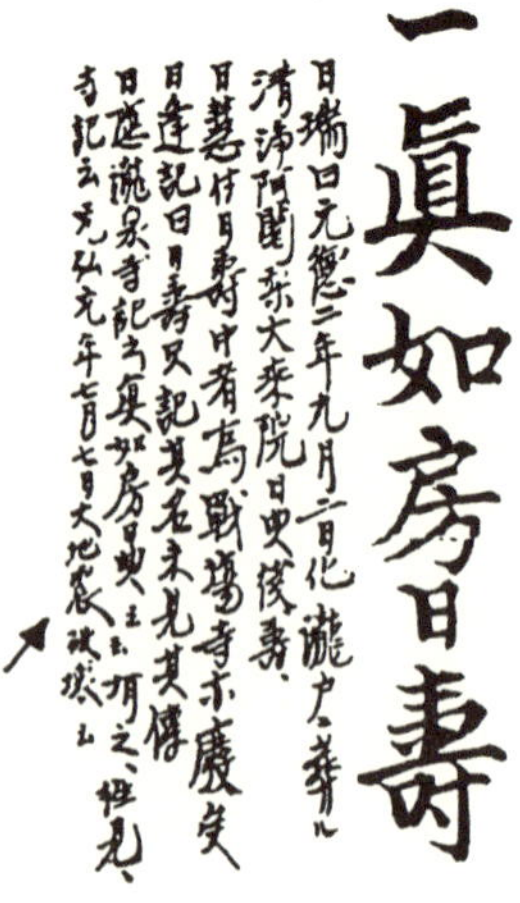

図 12　第三代日寿の伝記。矢印のところに「元弘元年七月七日大地震」の文字が見える。（感応寺所蔵）

か、元弘元年地震は、異なる二種類の系統の古記録によって記録された「疑いなき」地震であることが判明したのである。

滝泉寺はどこにあったのだろう。昭和五九年（一九八四）に富士市から旧鷹岡町地区の郷土史『鷹岡町史』が発行され、天保八年（一八三七）に作成された「駿河国富士郡入山瀬《いりやませ》村絵図」が紹介されている。「滝泉寺」の旧跡地名は、小字名として絵図に書き込まれている。それによると、滝泉寺のあった場所は、JR身延線入山瀬駅の西方約五〇〇メートル、潤井《うるい》川が凡天《ぼんてん》川と合流するすこし上流の東河岸で、現在は富士加工製紙（株）の工場敷地の一部になっている。つまり、この地震は富士の頂上付近で震度六強、富士市入山瀬付近でも震度六強であったことが知られるのである。震度六強とは木造家屋に倒壊するものが出るほどの非常に強い地震の揺れを意味する。

伊藤住職の手紙の文面にさりげなく書かれた、しかし非常に重大なことがある。それは、感応寺の前身である滝泉寺が真言宗から日蓮宗に改宗した年代である。建治二年といえば、宗祖日蓮（一二二二―八二）自身の生存中にあたっている。とうぜん滝泉寺は、宗派として確固たる地位を自他ともに認められた後の世に改宗したのではない。日蓮宗がまだ産声をあげはじめたばかりのころ、はやばやと日蓮宗に加わったのである。

じつは滝泉寺は日蓮宗創世期の宗教上の一大事件「熱原法難《あつはらほうなん》」の舞台となった寺院であった。日蓮の直弟子日興は、駿河国富士郡で教義を拡め、同地の蒲原四十九院、実相寺、そして熱原

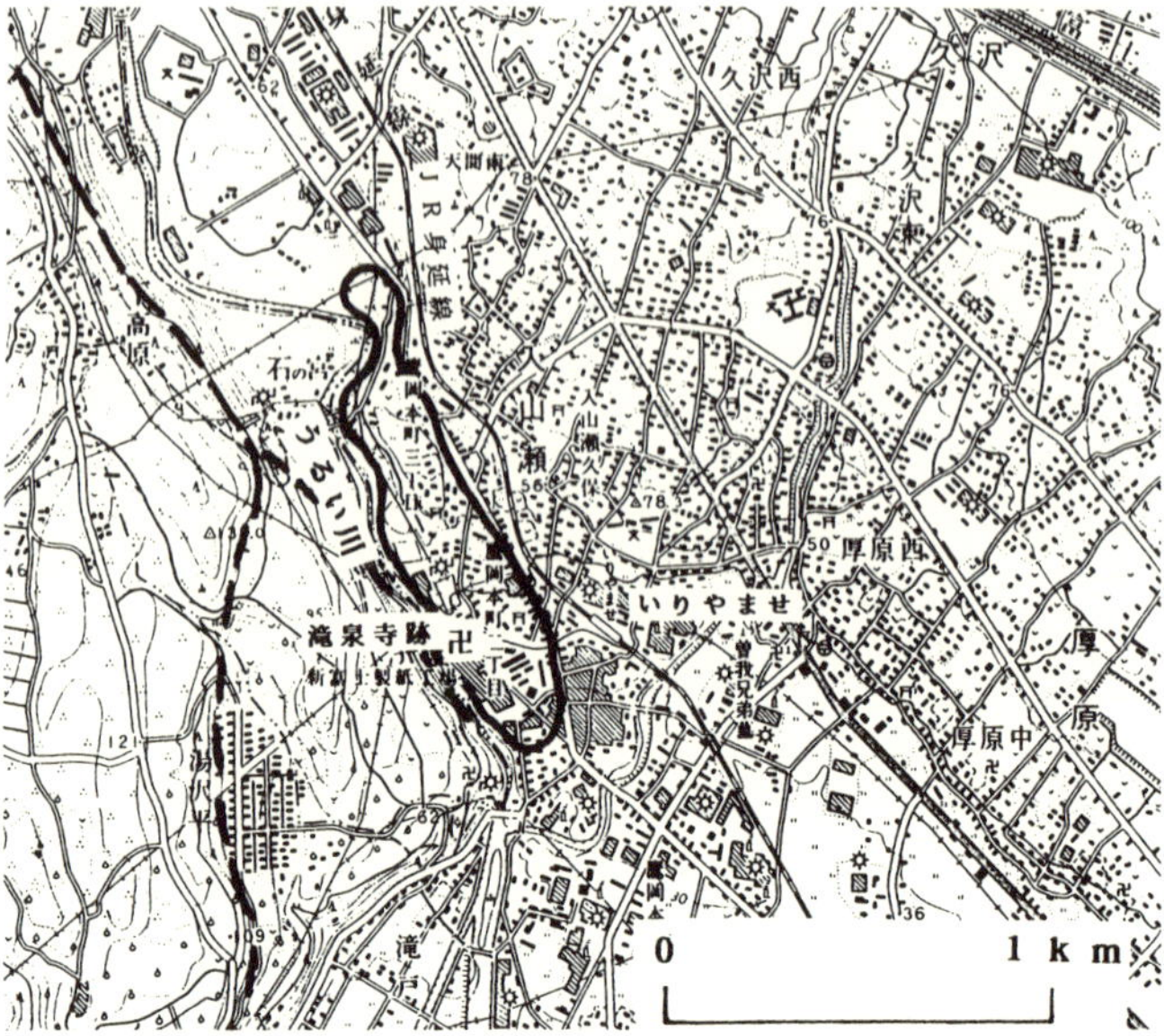

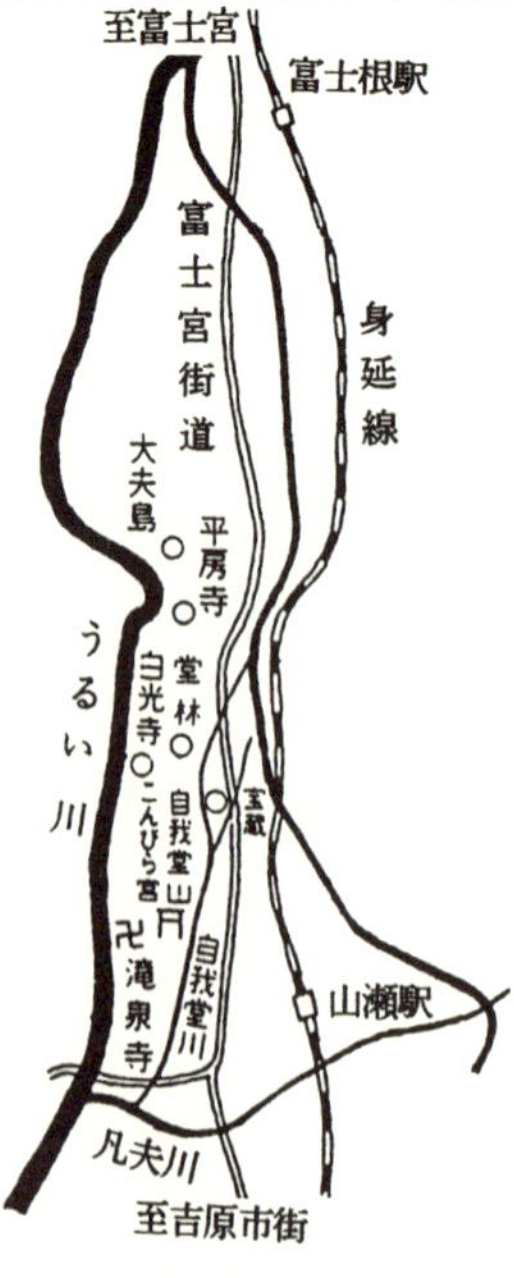

図 13　滝泉寺跡と境内地（太線内）。左側の破線は入山瀬断層。（国土地理院発行・二万五千分の一「入山瀬」）

図 14　滝泉寺跡（『鷹岡町の史跡と伝説』による）

（厚原）の滝泉寺などの寺僧たちがつぎつぎと日興の弟子となっていった。これらの寺院では、寺の上層部である僧侶と論争、対立を生じた。滝泉寺で日興の弟子となった日秀、日弁、日禅、頼円ら日蓮派の僧たちは、浄土宗信奉者で同寺院主代であった行智によって、建治二年（一二七六）に法華信仰を停止することを強要するという弾圧を加えられた。日蓮に帰依して日秀らの側に立つ農民信者・熱原神四郎らは、弘安二年（一二七九）行智によって捕らえられ、鎌倉幕府のもとへ送られ、日蓮を敵視する幕府第一の実権力者であった侍所所司平頼綱によって処刑された。これを日蓮宗では熱原法難とよぶ。このとき日秀らは、日蓮の意向をもって神四郎らの処分の不当を訴えた「滝泉寺之申状」を鎌倉幕府のもとへ提出している。その直筆原本は、下総中山の法華経寺（千葉県市川市中山二丁目）に所蔵され、『日蓮宗宗学全書一　上聖部』に活字化されている。

以上によって、滝泉寺が一三世紀駿河国富士郡熱原（現在の入山瀬付近）にあったこと、同寺が多数の僧侶の住する大きな寺院であったことは確実である。おなじ『宗学全書　上聖部』の日朝上人（一四二二―一五〇〇）の略伝につぎのような記載がある。

「富士下方滝泉寺は二世日向上人有縁の霊跡なり。かつて震災の為廃絶に帰したりしが、上人深くこれをなげき、明応年中（一四九二―一五〇一）檀（支持者、檀家）岩越氏の外護を得て、府中（静岡）に感応寺を創め滝泉寺の復興に充つ」

この文には滝泉寺が地震によって倒れたこと、それが少なくとも一四九二年より古い時代におきたものであることが証言されている。つまりこれは元弘元年の富士川地震のことであろう。この地震は日朝上人の伝記のかたちで、日蓮宗の根元史料のなかに記憶されていたことが判明する。『鷹岡町史』も、滝泉寺が元弘元年地震によって崩壊したことを明記している。

『鷹岡町の史跡と伝説』という一般むけの郷土歴史書に、滝泉寺の寺域を示した絵図が載せられている。それを現在の地図に書き写すと、富士加工製紙の工場敷地を包みこんだ南北一キロメートルにも達する、広大な領域が現れる。滝泉寺は疑いもなく大寺院であったのである。この地図を地質学者の恒石幸正博士に見ていただいたところ、この滝泉寺の西、わずか一キロメートルのところを富士川の活断層（このあたりは入山瀬活断層とよばれる）が走っている、と多少驚いたようすであった。私「この元弘元年富士川地震はどうです?」、恒石「まず、富士川断層の活動によるものでしょうね」。安政東海地震（一八五四年）のとき、駿河トラフと、それにつづく富士川断層にずれを生じたことは、すでに東海地震説の石橋克彦博士の指摘するところである。元弘富士川地震が富士川断層の活動によるものであることは確実ではあるが、安政のときのように駿河湾内や遠州沖にまで、断層活動があったかどうかまではわからない。しかし、いまは一八五四年に安政東海地震で活動した富士川断層が一三三一年にも活動していたことがほぼ確実となったことで、研究の成果として満足することにしよう。ところで、この地震と富士の噴火との関係は……?

◉第二六話

南北朝時代末の噴煙の再開

鎌倉時代は一三三三年に終わる。南北朝時代は一三三三年から一三九二年までで、昭和時代よりちょっと短い。この時代に書かれた紀行文もまた富士の第一証言者としての記録を残している。その紀行文のなかに和歌が詠まれているものが多い。旅行の目的そのものが富士を見に行き、そこで和歌を詠むことであった、というものもいくつかある。ゆとりですねぇ、優雅ですねぇ。それが和歌の形式をとっていても、平安時代の多くの恋愛歌のように、富士を実地に見ないで都で詠まれた歌よりも、証言としての価値が高い。

富士は鎌倉時代の後半、一二六八年ころに噴煙が止まったことは前に述べた（飛鳥井雅有の『隣女和歌集』、阿仏尼などの証言）。南北朝時代の富士のようすはどうだったのだろう。まず教えてくれるのは宗久というお坊さんである。紀行文『都のつと』のなかで、観応年間（一三五〇―五二）に、田子ノ浦（現、富士市）に立って、つぎの歌を詠んでいる。

ふじのねの煙の末は絶えにしを　ふりける雪やきえせざるらむ

この歌を訳せば、「富士山の煙は『末』になって絶えてしまったけれど、降る雪は将来もずっと消えることはないであろう」となるであろう。辞書にいわく、「末」とは「本《もと》」の反対語であるとある。宗久はなにを「本」と考えて、それに対して「末」という言葉を使ったのだろう。「噴火口を『本』、その煙が空をずっとよこぎって、薄くなって見えなくなるあたりを『末』といった。だからこのころ富士山に噴煙があったのでしょう」でいいだろうか。あるいは「今が『本』、ずっと将来が『末』と、今を起点とした時の流れととらえる」でいいだろうか。どちらもダメ。「絶えにし」は過去形だから、「噴煙は出なくなってしまったのに」と過去のことをいっている。

したがって、ここでは「末」を過去の歴史時間の三区分として、「上古」「中古」「末世」と分けたときの「末世」と解すべきである。仏教では釈迦が死んで千年をこえると「末法」の時になるとされる。つまり「本」は古い過去の時、「末」は「今につらなってくる近い過去」(「今」は「宗久がこの和歌を詠んでいるとき」)なのである。富士の煙は「末の世」、つまり、近い過去に出なくなったが、雪だけは今も消えず、また将来も消えることがないでしょう、といっているのである。このように一三五〇年ころ富士山は噴煙を出さなくなって、いくばくかの時(末世という一区分の時)を経過していた、そういうのである。この歌は、一二六八年ころ絶えた富士の噴煙は、一三五〇年のころまで、止まったままであったことを証言している。

その後富士は噴煙を再開する。こんどは中務卿宗良《むねよし》親王の私家集である『李花集《りかしゅう》』をみてみよう。宗良親王は応長三年（一三一一）生、元中二年（一三八五）ころ没とされる。この本の成立については諸説あるが、延元二年（一三三七）から建徳二年（一三七一）までに詠まれた歌を収める。全九一二首。

恋百首歌とてよみ侍し中に

ふじのねやたえぬ思ひの夕煙　きえなでさのみ何くゆるらん

中院准后歌みせ侍るとて、さりぬべきには、かならずうたをそばによみくはふべきよし申たひたりしに、

富士のねにまさる思ひのはてぞなき　恋の煙は空にみえねど

羇中百首歌よみ侍し中に恋の心を

しられじなふじのたかねの雲かくれ　むせぶ煙は空にたつとも

信濃国に行つきぬればをくりのもの返し侍し次に、するがなりし人のもとへ申しつかはし侍りし

富士のねの煙を見ても君とへよ　浅間のたけはいかがもゆると

宗良親王は南朝の祖である後醍醐天皇の皇子。生涯の大部分を北朝方との戦乱のなかに過ごす。右の四首のおのおのも詠まれた正確な年代は不明である。いずれも富士を噴煙をあげる山として和歌を詠んでいる。ことに最後の歌は、恋の歌ではなく旅行中の歌であり、実地に富士を観察し、浅間山と対比している。

先述の僧宗久の一三五〇年には富士の噴煙がなかったことを考えると、それ以後一三六七年までの十七年のあいだに、約一〇〇年の休止期間を終えて、富士はふたたび噴煙をあげるようになっていたのである。

◉第二七話

南北朝・室町時代の富士

一三六〇年前後、富士は一〇〇年の休止期間を終えて、噴煙を再開する。『五百番歌合《うたあわせ》』の三一七番左に、つぎの歌がある。

富士の根の絶えぬ煙にくらべばや　我下もえにくゆる思ひを

権大納言公長

（富士山の絶えることのない噴煙とさあ競争してみよう。私の秘かに思い焦がれている恋心と）

南北朝時代は、京都の北朝では勅撰の和歌集の編纂がさかんであったのに対し、南朝では和歌のもっとも衰退した時期であった。このようななかで南朝の宗良親王は、北朝に対抗して内裏での歌の会を開催した。それが天授元年（一三七五）の『五百番歌合』である。歌の詠まれた年が正確に判明しているまれなケースである。紀行文ではなく恋愛歌であるという制約はあるが、一三七五年に富士は噴煙をあげていたことを間接的に証言するものとみることができよう。

一三九二年に南北朝の和がなり、足利将軍が実権をにぎって室町時代にはいる。

室町時代のはじめころの富士噴火に関する文献として、『後小松院御百首』のなかの「名所浦」と題するつぎの和歌があった。

田子の浦やおきつの波は遮莫　ふじの煙ぞたたぬ日もなき

この歌の「遮莫」は『続群書類従』の活字本のままである。教えてくださる人があって、「遮莫」は、「さもあらばあれ」と読むんだそうだ。無理だよナー。日本式漢文訓読法のなかのオバケみたいなもんだ。まあ、そう読みたきゃそう読むがいいさ。意味は、「(波は)静まることはあっても」である。「田子ノ浦の沖の波は静まることはあっても、富士山の煙はたたない日はないのだなあ」という歌で、田子ノ浦(現、富士市)の現地に立って直接噴煙を見た人の証言である。「おきつ」が「沖にある」と地名「興津」の掛詞になっている。この歌集の末尾に応永二六年(一四一九)一〇月と明記してあり、この歌が詠まれたのも、まずこの年であろうとみられる。

後小松院は北朝の天皇として永徳二年(一三八二)に位につき、南朝後亀山天皇から神器をうけつぎ、室町時代にはいって応永一九年(一四一二)に退位している。以上の結論、要するに一四一九年、富士に噴煙があった。

『室町殿伊勢参宮記』は筆者不詳の紀行文。「室町殿」は京都にあった足利将軍の邸宅、「花の御所」ともいう。この文の主人公は応永三一年(一四二四)一二月一四日に京都を出て、同一六日に伊勢湾櫛田《くしだ》川口で富士を遠望している。説明文と和歌一首があるが、噴煙にはとくに触れていない。この時点の富士の噴煙については不明としておくのがよいだろう。

実は、このころ噴煙は途絶えたのではないか、と示唆される文献がある。大納言飛鳥井雅世著の『富士紀行』である。題名からして、京都の貴族が富士を観光するのを目的として旅行をしたときの紀行文のような性格をもった文であることがわかる。

富士を実見して詠んだ和歌が多数記されている。その日程は、永享四年（一四三二）九月一七日磐田《いわた》、一八日藤枝、二〇日興津と東進し、田子ノ浦まで来て京都へもどっている。帰路の九月二三日に府中（現、静岡市）に達し、ここまでに富士の和歌一四首が詠まれているが、噴煙のことにはまったく触れていない。ことに一八日は快晴であって「富士もことにさだかに見え侍し」とわざわざ明記されている。

なお、この旅行には尭孝法師《ぎょうこう》と今川範政が同行し、彼らもそれぞれ『覧富士記』などの和歌を主体にした紀行文を残している。まだほかに作者不詳の『富士御覧記』という和歌集もある。これらには富士の歌が合計五一首載せられている。やはり噴煙に言及している和歌は一首もない。歌の数が一首や二首ならば煙のことをいっていないからといって、噴煙がなかった証拠とすることはできないであろうが、合計六五首もある歌のなかにまったく噴煙が詠まれていない以上、率直にこのとき富士は噴煙がなかった、と判断すべきであろう。つまり一四一九年に出ていた噴煙は、一四三二年には出なくなっていたらしい。

おなじことが、釈正広の『正広日記』についても示唆される。これは紀行文で、釈正広は文

図 15 『正広日記』の釈正広が富士山を観察したと言われる「小夜之中山」。伝説〝夜泣石〟を見に訪れる観光客も多い。　＝掛川市

明五年（一四七三）九月一日、現在の静岡県掛川市の小夜《さよ》ノ中山《なかやま》で富士山を観察している。この日は快晴であった。富士の和歌が一〇首詠まれているが、噴煙の記事はない。つまり一四七三年も富士に噴煙はなかったのではないか、とみられるのである。なお同年一一月七日京都で「按察使親長卿家歌合」が開催され、五七番右が富士の歌であるが、やはり噴煙には触れられていない。

しかし、一四八〇年になると、わずかに噴煙が見られたことを証言する文献がある。京都五山文学のひとつとされる禅僧万里《ばんり》集九《しゅうく》の漢詩文集、『梅花無尽蔵』である。これは全七巻、『続群書類従』の活字本にして二二六ページにもわたる長大な文献である。漢字ばかりでカナのない文であるので日本人には漢文のようにみえるが、厳密には「倭臭」を含んでいるので、中国語文言文としての「漢文」とは異なる「仮名なし和文」だそうだ。その巻一の末尾近くに「静勝軒」と題する七言絶句《しちごんぜつく》が書かれている。

庭宇枝安鳥漸眠　遠波送碧数州天　主人窓置博山対　一縷吹残富士煙

「庭宇」「宇枝」「碧数」「碧数州」「州天」「博山」「置博山」「博山対」など漢和辞典で引きまくって、相当悪あがきしてみたんだけど、まったく慣用句として載っていない。それで前の三つの句、漢字二一文字の全体としての正確な意味はボクにはわかりません。博山は中国の地名として存在するが、ここでは当てはまらない。もちろん漢字の字面だけからだいたい何をいっているかはぼんやりとはわかりますが。こんなんひょっとして書いた本人が悪いんちゃいますやろか？　ところが、第四句だけはやけに意味がはっきりしている。「富士の噴煙が空にひとひら残って漂っている」というのである。ところで、みなさんの高校の漢文の先生は、どんな漢文でも解釈なさいますか？　こんな「漢文」、私には解釈できません、と自信をもって明言なさるような先生はいますか。じっさいには「解釈できる」ほうがおかしいような、日本人が無理に作った漢文もどきが、案外多いように思うんだけどなぁ。

題の「静勝軒」というのはラーメン屋さんの名前じゃなくて、江戸城にあった太田道灌の「亭」（あずまや、離れ屋か）の名前である。『梅花無尽蔵』の巻二のはじめに、万里集九が、江戸城の創立者太田道灌の招きで、文明一七年（一四八五）九月七日に、鵜沼《うぬま》（現、岐阜県各務原市）の自宅を出て江戸に向かって旅立ち、一〇月二日に江戸城に到着したことが記されている。その後彼は長享二年（一四八八）まで江戸に滞在した。この江戸滞在をみずから「東遊」とよんでいる。江戸到着の晩「静勝軒晩眺」という漢詩を作って隅田川や筑波山、そして富士山を詠みこんでいる。その注記に、「私は東遊以前に『静勝軒』の詩を作ったことがある」と書いている。ここでいう「静勝軒の詩」というのが、上の富士噴煙を述べた七言絶句であると推定される。いっぽう、この七言絶句の一三個前の漢詩に文明一七年の記載がある。つまり、原書では上の富士の噴煙の漢詩は、文明一七年と書かれた漢詩と文明一七年一〇月と書かれた漢詩にはさまれていることになる。したがって、上の富士の噴煙の漢詩も文明一七年に詠まれたものであろう。

「一縷《いちる》」だから消えそうなかすかな噴煙である。つまり、一四八五年に富士山にはかすかに噴煙が出ていた。なお、鵜沼帰郷後の明応七年（一四九八）春、江戸旅行中に見た煙の出ている富士を回想して「見富士煙翁指南　十年過又四耶三……」という七言絶句を作っている（同書巻三）。もうひとつ紹介しよう。『常徳院御集』である。冒頭に「文明十三年（一四八一）」とあり、つぎの歌は同年九月二三日のものである。

ふじのねの煙のみとぞ思ひしに　我身のうへに有けるものを

「（燃えて煙をあげているのは）富士山の煙だけだと思っていたのに、なんとわが身にも燃えているものがあったのだなぁ。それなのにぜんぜん気がつかなかった」。やはり恋愛の歌であるが、富士の噴煙は、この年代にはあったのであろう。

結論。一四三二年から一四七三年まで噴煙中断。そして一四八五年、噴煙がかすかに再開した。

◉第二八話

明応東海地震と富士

室町時代の一四八〇年から一四九〇年のころ富士の噴煙はかなりかすかになった時期であった。万里集九は『梅花無尽蔵』のなかで一四八五年の噴煙を「一縷吹残富士煙」と表記している。

明応七年（一四九八）八月二五日には、明応東海地震がおきている。震度六以上の範囲は静岡県平野部から、甲府盆地、三重県多度町、津市三雲、伊勢市、那智勝浦、さらに北は越後にまでおよんでいる。静岡県の御前崎にほど近い浜岡町閑田院《かんでんいん》を開創した円通松堂禅師は「語録」のなかで、「人々はあるいは地に腹ばい、あるいは柱にしがみつき、老人たちは念仏を唱え、幼い子供たちは父母の名を叫んだ。地面は割れて三尺から五尺（〇・九―一・五メートル）の水が吹き出した。山は割れ万仞《ばんじん》の崖は崩れ、（八月九日の大風で倒れずに）残った家屋もこの地震では地に埋もれた」と記している。

この地震では津波の被害も大きく、静岡県では、伊豆仁科《にしな》、小土肥《おとい》、沼津市西浦江梨《えなし》、焼津、浜名湖口と雄踏《ゆうとう》町金山《かなやま》神社、湖西《こさい》市白須賀《しらすか》に大きな被害を出した記録がある。焼津坂本の林叟《りんそう》院《いん》の伝承では溺死者は二万六〇〇〇人と伝える。これは日本全体の溺死者数であろう。内陸湖であった浜名湖は海と連なって塩水湖となった。浜名湖伊勢大湊では男女五〇〇〇人が流失溺死した。和歌山市、鎌倉にも津波の被害がおよんでいる。

津波のありさまを円通松堂禅師は「なかでもいちばん悲惨だったのは海辺の港町、漁業市街であった。商人も、市場に集まる行商人も、寺院に集まる信者たちも、歌舞伎芝居や大道芸の人も、朝早くに襲った天にも達する津波のために、あっというまに（原文は「一弾指頃」、指を弾くぐらいの短い時間）地にあるすべてのものが掃き出され、水に巻きこまれて持ち去られてしまった」と述べている。筆者はこの「海辺の港町」を天竜川河口の掛塚であることを立証した。

この地震の被害範囲、津波のありさまは、幕末の嘉永七年（安政元年・一八五四）におきた安政東海地震の二倍から三倍の標高にまで海水の昇った大津波であることが筆者らの調査で明らかになった（二〇一三年）。また津波の被害区域も安政のそれに重なりあって、なおかつ明応地震のほうが安政地震のそれより大きいのである。安政のときは小土肥や江梨や白須賀は大きな津波被害はなかった。焼津も海岸線から約一キロまでの市街地が浸水しただけであったのに対して明応地震の津波では海岸から約三キロ内陸の三ヶ名の不動尊まで浸水した。つまり、明応地震（マグニチュード八・六）と安政地震（同八・四）とは、東海地震の兄弟であって、しかも明応地震が兄貴なのである。

図 16　地震の予言をして寺の移築を勧めてくれた旅の修験者をまつった林叟院の山上血脈石。移築の翌年、明応東海地震が起こり、寺のあったあたりは海に没した。　焼津市坂本

明応地震の翌年、明応八年（一四九九）六月、京都から富士を見に遠江国まで来て和歌集を残した貴族がいる。『富士歴覧記』の筆者、飛鳥井雅康である。彼はこの年の六月九日、小夜ノ中山まできてUターンし、一三日浜松を過ぎ、七月七日に京都にもどっている。京都での旅行報告会に貴族、僧たちが集まるなかに宗祇法師というお坊さんがいて、歌による問答をはじめる。

末とをく立つよりやがて思ひやる　きみになびかむふじの煙を

「京都から遠くへ、あなたが出発なさった直後（やがて）から、富士の噴煙があなたになびいているのだろうなと、思いを馳せていましたよ、（ほんとうはどうだったのですか？）」この歌に対する雅康の返歌は、つぎのようである。

おもひたつふじの煙もたち花の　なびく煙にまつやしるらん

訳せば、「思い立って出かけた富士であったが、噴煙も立ちなびいておりました。京都で待っていたあなたたちも、たなびく煙を（京都で）見て、（富士が噴煙をあげていることを）きっとご存じだったのでしょう」ということであろう。わざわざ「たち花（橘）」といったのは「待つ（松）」との縁語としたのであろう。すなわち、一四九九年には、富士の噴煙があった。その噴煙の勢いは駿河国から遠く京都までたなびくほどであった。

明応東海地震の前はたよりない「一縷の噴煙」、それが地震の後には「なびく煙にまつやしるらん」と詠まれるほどの大噴煙になっていたのである。飛鳥井雅康はなぜ富士見物を思いたったのであろう？　富士の噴煙のようすが急変した、その噂が京都にも届いていた。その真偽を確かめるため、ではなかったろうか。

明応七年（一四九八）の東海地震は安政東海地震（一八五四）と似ていて、しかもそれをうわまわる大きな地震であった。

その前の一四八五年には噴煙は万里集九によって「一縷吹残富士煙」と表現されるかすかなものであったが、地震後の一四九九年には京都にまでなびこうかというさかんな噴煙になっていた。こういう書き方をすると、冷静な読者から「誘導尋問」みたいだ、とのお叱りを受けそうである。たしかに、一四八五年に噴煙はかすかであり、一四九九年には噴煙がさかんであって、一四九八年に大きな東海地震があったことは客観的な事実であろうが、それだけから地震と噴煙の変化をただちに結びつけることは議論として飛躍しているのではないか、と。そのとおりだ。もう少しデータを増やさないと説得力のある議論とはなるまい。そこで地震のあった一四九八年の直前の時代の富士を述べた史料をみておくことにしよう。

源持資の紀行文『平安紀行』には、文明一二年（一四八〇）六月に駿河国黄瀬川《きせ》（沼津市）で詠まれた和歌一首が載っている。また、『慈照院殿御自歌合』（足利八代将軍義政の和歌集で文明一五年成立。慈照院とは銀閣寺のこと）の一八番右に富士の歌がある。道興准后の『廻国雑記』には文明一八年一〇月、富士の村山、田子ノ浦にて富士の和歌各一首が詠まれている。しかしこれらの和歌はすべて噴煙には触れていない。強固な確証があるとはいえないが、噴煙がきわめてかすかであったため触れられていないことを示唆する。

A君「明応九年（一五〇〇）『豊原統秋《とよはらむねあき》自《じ》歌合《かあわせ》』の第四二番の富士の歌は噴煙には触れられていないじゃないですか。これを重視するなら一五〇〇年には噴煙はたいしたことないことになるんじゃないでしょうか。それなら一四九八年以後は富士噴煙がさかんになったと考える今の説にとってはマイナスの材料になるじゃないですか」。ウーン、困った。「まあ、ただ一首の和歌に『述べられていない』ことは噴煙がなかった強い証拠にはならないわけでして……。まあー、秘書が勝手に詠んだんでしょう」。なんだか錆びた文化包丁みたいに切れ味が悪いなあ。

もうちょっと切れのよい話をしましょう。一五〇〇年のあと、富士はどうなった?

宗長は駿河国丸子の柴屋寺《さいおくじ》にいたお坊さんである。柴屋寺は宇津の谷の名所、現在静岡市、吐《と》月峰《げっぽう》として名高い。静岡市の人で柴屋寺を知らなかったらモグリだ。この坊さんは『さののわたり』の筆者宗碩《そうせき》によって「駿河の宗長禅老」と書かれている。つまりタダの坊さんではない。エライ坊さんである。この坊さん、享禄三年（一五三〇）は正月から京都ですごしている。新春早々、慈広院が他界した。焼香の席で、つぎのような歌問答を受けた。

　九重の雲井ををきて契あれや　名高き富士の夕煙かな

そして宗長はつぎのような返歌をした。

　朽ぬ名をふじの高ねにとどめても　煙になして見るぞ悲しき

（『宗長日記』）

宗長の返歌の意味は、「死んだ貴人の名声は富士にもたとえられるほど気高く、長く後世に

図 17　宗長が居住していた吐月峰・紫屋寺。月の名所としても広く知られている。　＝静岡市丸子

語られるであろうが、本人は死んでしまって今は焼香の煙になっている、それが悲しい」という意味であろう。しかし同時に京都の人のあいだでは「名高い富士の煙」と、富士は噴煙を出すことのほうでだけ有名になっているという情況に、すこし反発して、「(地元民としては)富士山は、山が高く山体が立派なので有名になってほしいのに、煙のほうでばっかり有名になっちゃって、しょうがねーなー」とも解しうるようになっている。ただし、直接の意味は「富士山のように名の高い故人も今は葬儀の煙になってしまった、悲しい」である。

この証言者・宗長は、富士山のそばをたまたま通った旅行者ではなく、日常的に富士を見ることができた駿河国の居住者であることに注意しよう。これ以上確実な富士の噴煙の証言者はない、といってよいであろう。一五三〇年はじめ彼は京都にいたのだから、この証言は厳密には一五二九年までの富士山の状況をいっていることになる。すなわち一五二九年ころ、富士は噴煙をあげていたことが知られる。また噴煙が京都人のあいだにも広く常識になっていたことを知る。

◉第二九話

戦国時代の富士

一六世紀は戦国時代である。駿河の今川義元や甲斐の武田信玄は毎日どのような富士を見ていたのであろう。駿河丸子の宗長は一五二九年ころ富士に噴煙があったことを証言している。しかしこれ以後、江戸時代のはじまる一六〇三年の直前まで、富士の噴煙について直接語る文献が意外に少ない。

『あづま道の記』は京都御室《おむろ》にある仁和寺《にんなじ》の僧正尊海の紀行文である。彼は京都から清見寺(現、清水市興津)まで来て京都にもどっている。天文二年(一五三三)一〇月、しずはた山(現、静岡市)にて和歌二首を詠んでいるが、噴煙には触れていない。

『東国紀行』は谷宗牧《そうぼく》の紀行文である。天文一三年一二月一四日、引間《ひくま》(現、浜松市曳馬)に到着、翌一四年一月二六日まで府中(現、静岡市)に滞在した後、田子ノ浦に移動している。富士の記事はあるが、噴煙についてはとくに触れてはいない。確実なわけではないが、噴煙はこのころなかったのではないか、と推測される。

『紹巴《じょうは》富士見道記』で紹巴は永禄一〇年（一五六七）六月八日に興津の清見寺に立ち寄っている。ここで、富士山のありさまについて述べているが、噴煙にはやはり触れてはいない。したがって、このころも、富士に噴煙はなかったらしい。

以上の三個の文献の存在は一五三三年から一五六七年までのあいだ、富士には噴煙がなかったのではないか、と思わせるものがある。しかし、今のところより確実な文献が現れないかぎり、この判断は確実性に劣る、といわざるをえない。しかし、そののち噴煙が再開したのではないかと思わせる文献が現れる。

武田信玄の次男、武田勝頼の「黒駒開関之願状」である。これは勝頼が富士神前に奉納した文章である。「神に申し上げます」というかたちをとって、実質は甲府から富士山頂に最短距離で行く街道上に黒駒関を新設することを住民に布告したものである。天正五丁丑年（一五七七）夏六月の日付がある。その書き出しに、

日本有山名富士、其山峻、三面是海、一朶聳、頂有煙

とある。一見して前に述べた中国の一〇世紀の書籍『義楚六帖』の文を省略したものであることは明らかである。このようにいえば、古典中の常套句の引用にすぎないので、この文が書かれた当時の富士の実況を知る根拠とはできない、との反論もあろう。しかし、勝頼は噴煙のない富士を見ながら、ただ「そういいならわされているから」「国際的に富士はこんなにも有名なのだ」と誇示するためだけに、噴煙のない富士を見ながら、あえて現実にあわないことは顧

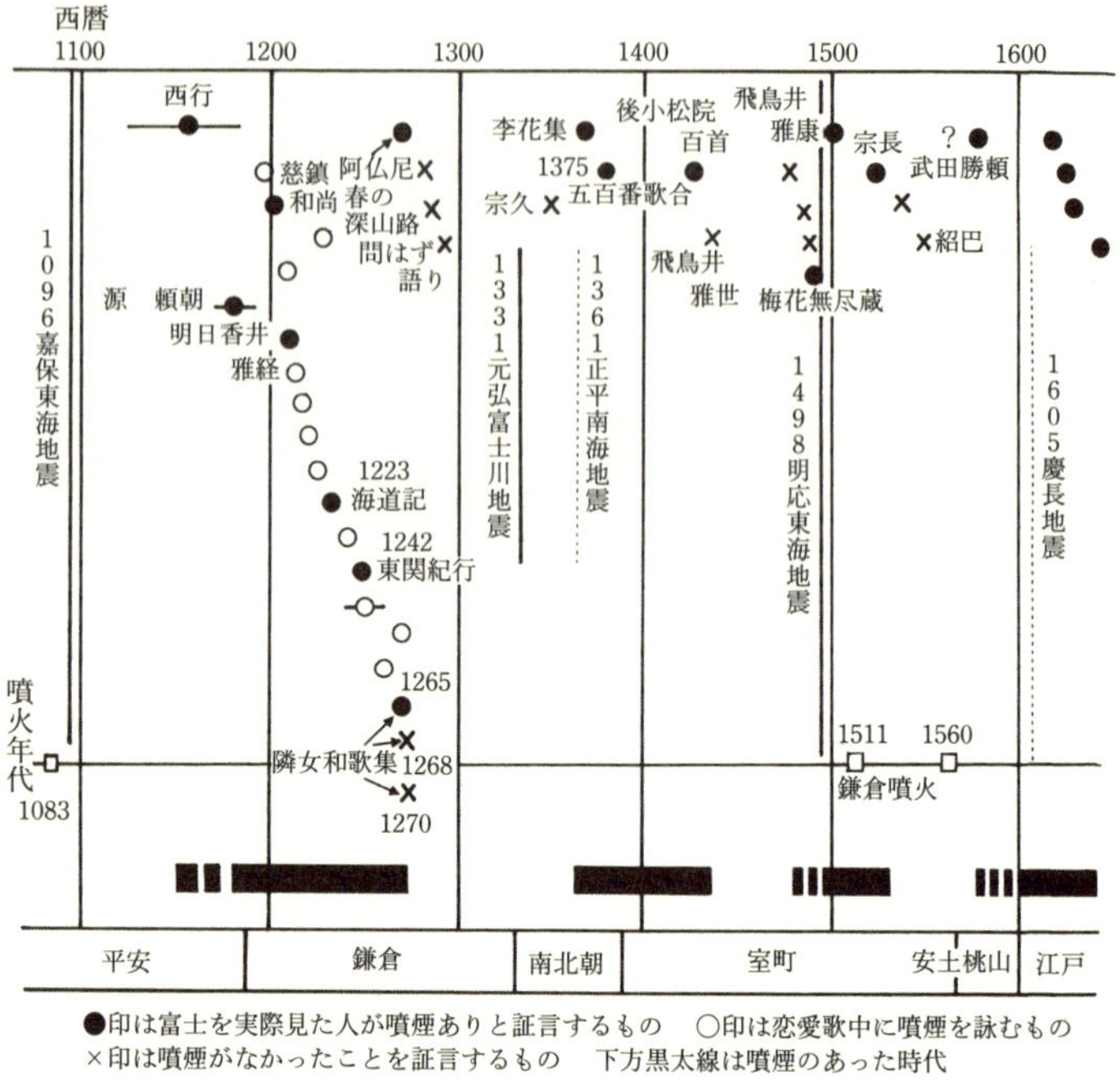

●印は富士を実際見た人が噴煙ありと証言するもの　○印は恋愛歌中に噴煙を詠むもの
×印は噴煙がなかったことを証言するもの　下方黒太線は噴煙のあった時代

図18　平安時代末から安土桃山時代までの富士山噴火変遷図

みず、中国古典の文句を機械的に転写して「頂有煙」と書いたのだろうか？　その可能性もなしとはしないが、それはすなおな解釈ではあるまい。やはり、すなおな解釈としては、「中国にも知られているこの言葉のとおり、富士は今も噴煙を見ることができる」という日常性を前提として、彼はためらいなく上の文を記したと考えるべきである。

なお上の文書は、川口（現在の精進口登山口の入口にあった集落）の御師中村備後の所蔵であったが、明和年間（一七六四―七二）の火災のために原本は失われた。しかし幸いにも、高坂昌信著の『甲陽軍鑑』一九に引用されて全文が遺存した。いちおう、一五七七年、富士に噴煙あり、と判断しておく。

一六世紀の一五三〇年以後で江戸開府前は富士の噴煙に関する確実な資料に乏しい。だれか一五三〇年以後、一六〇三年までの富士について述べた文献をご存じの方がいらっしゃればご教示ください。

◉第三〇話

江戸時代初頭の噴煙と慶長地震

一六〇〇年に関ヶ原の戦いの勝者となった徳川家康は、一六〇三年には征夷大将軍となって江戸に幕府を開く。

以後、富士山を日常的に観察することのできる江戸が日本の実質的な首都となり、江戸中期には世界最大の人口をもつ都市へと急速に発展する。江戸時代（一六〇三―一八六七）のはじめの富士のようすを伝える第一番目の文献は、意外なことに西洋人の手になるものである。すなわち、慶長一二年（一六〇七）耶蘇教（イエズス会系キリスト教）の主教官が長崎から駿府を経て江戸にいく途中、つぎのような文を残している。

また途中に火山あり。高峻絶景を以て名あり。其の（頂上）噴く所の煙はつむじ風の如し。その地に達する前三日、すでにその頂を見る。その形円くして尖れり。（『日本西教史・下巻』第一三章）

富士をはじめて見た西洋人の驚きが率直に書き表されている。噴煙をつむじ風（竜巻）にたとえているのがおもしろい。噴煙の勢いのさかんなさまが読みとれる。

このつぎの年、慶長一三年に、こんどは奈良東大寺の僧が富士山に登った記録がある。そのときの登頂記録「寺辺明鏡」には、大宮（富士宮）から村山をへて頂上に向かった、という記事のあとにつぎのような記載が現れる。

ソレヨリスナバライバト言所へ上ル。□□□□気ツマリ死スルモノ数人。死人ヲ見テ、キモツムス（肝をつぶす）計也

ここにいう「気」とはなんであろうか？　残念ながらキーをなす「気」の字の直前の四文字が判読不能字（原古文書の虫食い字）となっているため断定することはできないが、噴気の硫化物のガスの毒気にあたって中毒死したのであろう。死んだ人数人の死体を「砂払い」で見ている。

富士に一度でも登った人は知っているであろうが、頂上からの下山時、登った道とは別の直線状の急勾配の下山路を砂をけたてて走り降りる。そして「天地の境」とされる森林限界の五合目付近で、この快適な下山路は終わり、道は林のなかへはいっていく。ここで、下山者はわらじや靴のなかにはいった砂を出し、衣服の砂ぼこりを払う。ここを砂払い場という。東大寺の僧が噴気による中毒死体を見たのは、頂上付近ではなくこの森林限界付近にあった砂払い場である。

この噴気中毒の死者は、頂上付近で噴気を吸い、砂払い場まで降りてきて命尽きたものであろう。噴煙を吐き出している富士に登山することは、命にかかわる危険をともなっていたので

ある。頂上をめざす東大寺の僧侶たちは、これから待ち受ける危険に「肝をつぶして」身震いしている。

じつは、この噴煙のさかんな時期に先立つ慶長九年一二月六日（一六〇五年二月三日）の夜に房総沖の海域で巨大地震がおきている。静岡県内では地震動による被害はなかった。伊豆仁科で海岸から一二、三町（約一・四キロメートル）の津波の浸水があった。仁科を流れる仁科川には河口から二・一キロメートルの寺川というところに大堰《おおぜき》があり、明応東海地震の津波はここまで達した。この大堰のすぐ手前の川床の標高は九・六メートルでこれが明応東海地震の津波高である。慶長九年の津波はここまでは達することはなく、河口から一・四キロメートルというのであるから、明応津波の三分の二である。したがって慶長九年津波では仁科で約六メートルの標高まで海水が上がったと推定される。しかし、浜名湖口にあった一〇〇軒ほどからなる橋本宿（のちの新居宿）では八〇軒ほどが流失した。新居での津波の高さは六メートルぐらいと推定される。

徳川幕府のブレーンであった林羅山は、この地震の二年あまり後の慶長一二年三月一日、京都をでて東海道を東行し、四日に橋本のひとつ西よりの宿場である白須賀（現、湖西市）で泊まっている。

この夜は悪天候で海が荒れ、波が高かった。宿場じゅうの人たちが津波が襲ってこないかと異常に恐れているようすであった。宿の主人がいう。この宿場は先年の津波で人も家も流され、牛や馬も死にました。ただ急いで裏山にかけ登った人だけが助かりました。その夜以来、この宿場の人たちは、波の高い日にはまた津波が来るのではないかと恐れているのです。林羅山でさえそれを聞いてこの夜は寝られなかった。結局この夜はただの時化《しけ》で、なにごともなかった。翌朝、これこそ昔中国で天が落ちてこないかと心配した杞国の取り越し苦労（杞憂）の類と、大笑いしている。

『羅山先生文集』に載せられたこの逸話で、慶長九年地震の津波で白須賀に人身、家屋ともに重大被害が出たことが知られる。二〇一〇年に筆者らは宝永地震の津波浸水の調査のため白須賀の宿場（元白須賀）の標高を測定し、最低点で六・九メートルの標高であることが判明した。したがって慶長九年の津波では「宿場で人も家も流され」ということから地上冠水三メートルと見て約一〇メートルの津波高があったことになる。ただし、この地震は東海地震ではなかった。

◉第三一話

江戸時代の風流人たちの証言

江戸時代の富士噴煙の証言者の三番バッターは、前項にも登場した林羅山である。彼は、将軍家の教師を勤め、外交文書の作成者、また法律制度の草案作成をするなど、江戸幕府初期の幕府の最大のブレーンであった。江戸幕府の思想的基盤として朱子学を取り入れたのも彼である。『丙辰紀行《へいしんきこう》』は彼が元和二年（一六一六）一一月に江戸から出発して京都に着くまでの旅行記録である。富士山の項で富士の漢詩を詠んでいる。

一山高出衆峯巔　炎裏雪氷雲上煙　大古若同仁者楽　蓬莱何必覓神仙

この漢詩の最初の二句は「多くの山々に抜きんでて高く、炎《ほのお》のなかに雪や氷があり、雲の上に煙が出ている」であろう。富士の噴煙には「炎」が見えた。つまり夜空にも噴煙があかあかと見える火映現象を意味するのであろう。富士の火山活動が盛期であったことになる。

小堀遠州といえば知る人ぞ知る。もっともボクは知らなかったけど。『赤旗・日曜版』のスーパーマン飯沢匡さん（故人）が富士山のことを聞きにこられたとき、「へー、あの小堀遠州も富士山のこと書いてますか」と驚いていたので、きっと有名な人にちがいない。ものの本によると千利休などとともに三大茶人のひとりに数えられる、遠州流茶道の祖なんだそうだ。『遠江守《とおとうみのかみ》政一紀行』は、彼が元和七年（一六二一）九月二二日江戸を出て一〇月四日に京都に着くまでの日記である。この文献の元の題名は「小堀遠州辛酉紀行」となっている。九月二五日に吉原を過ぎたところで富士を見ている。

　亦山の頂よりけぶりの立を見て、寄富士思といふこころを、

　　我おもひいざくらべみむ富士の根の　けぶりはたたぬひまやありなむ

「煙は止まるひまはあるのだろうか」といっているのだから、噴煙はかなりさかんであったことが知られる。

俳句は、連歌の発句を独立させたものとして、室町時代の末期、山崎宗鑑などによって試みられた俳諧が源流である。江戸時代初期の松永貞徳（一五七一―一六五三）によって古風俳諧の形式が確立した。そして、元禄期（一六八八―一七〇四）に松尾芭蕉が現れることにより俳句が和歌とならんで文芸のジャンルのひとつとして確立するのである。この江戸俳諧の草分けともいえる松永貞徳は京都の人であるが、彼には全国に多くの弟子がいて、全体として「貞門派」とよばれる。

彼の弟子のひとりに、松江重頼《しげより》という人がいる。慶長七年（一六〇二）生まれ。本業は京都で旅館を営んでいた。『毛《け》吹草《ふきぐさ》』は彼の俳句集で全七巻。寛永一五年（一六三八）の序文がある。岩波文庫本の校閲者新村出《しんむらいずる》の解説文によると、このときまでに原稿は完成していたとされる。

正保二年（一六四五）刊行。その巻六のなかに富士の煙を詠んだ句が二句あった。いずれも、重頼の弟子たちが詠んだ句である。

常香の煙か富士の雪仏　　成　政（寛文本二「盛政」）

雪やけといふべき富士の煙かな　　正　利

「常香」は一日中絶えることなく仏前に供えられた線香の煙。富士を仏像にたとえている。重頼は、貞門俳諧の異端者とされる。『毛吹草』序文の五年前の寛永一〇年（一六三三）に句集『犬子集《えのこしゅう》』を刊行し、これが原因で師の貞徳から破門を受けた。『毛吹草』は破門後新たに彼独自の流派を開いたなかでの俳句を収める。したがって、大部分の俳句の詠まれた年代は、彼の流派が独立した歩みをはじめた寛永一三年（一六三六）から、この書の完成する同一五年（一六三八）までのあいだであると推定される。上の二句もこのあいだのいずれかの時点で詠まれたものであろう。ゆえに、一六三三―三八年のころも富士山は絶えず噴煙をあげていたことが知られる。

『日次紀事《ひなみきじ》』は延宝年間（一六七三―八一）に黒川道祐が著した記録で、「京都叢書」として刊行された文が小山一成校訂の『富士の人穴草子』（一九八三年、文化書房博文社）のなかに紹介されていて、富士山頂のようすがつぎのように記されている。

山上所所霊社霊地有り、絶頂に池有り、其の囲二里余、池中常に煙有り。これ塩硝、硫黄の為す所のもの乎《か》。

ここでは頂上火口に煙をあげた池があり、煙硝のような硫黄のようなにおいがたちこめていたありさまが述べられている。明らかに実際に登山した人の証言にもとづくものである。ただし、この噴煙が遠方から噴煙として望むことができたかどうかはわからない。古代の都良香の「富士山記」以来の頂上描写である。ところでこの描写は、江戸時代のごく初期の、「もくもくと絶え間ない噴煙」「炎（火映）」「登山者に死者がでるほどの亜硫酸ガス」といったような、さかんな火山活動の描写ではない。登山者が頂上に登って余裕をもってじっくり火口を観察しているからである。遠方からこの噴気がどのように見えたかは明記していないが、「池中常に煙有り」の言葉づかいは、頂上の至近距離からは煙がはっきり見えるが、麓からは、ほとんど見えないことを言外に暗示していることにならないだろうか。つまり、一六〇〇年代の前半ではさかんであった噴煙が、後半ではかなり貧弱になっていたのではないだろうか。

一般文献の数が飛躍的に増大する一七世紀末の延宝、元禄の時代に、かえって富士の煙を述べた文献がほとんどないことのほうを重視したい。

「登富岳記事」は嵐蘭著で、宝永大噴火の三年前の宝永元年（一七〇四）夏の著作。頂上の池について記事はあるが噴気、地熱にはとくに触れていない。この文は『修訂駿河国新風土記』（のちに詳述する）に紹介されている。噴煙は頂上で見ても観察できなくなったのではないだろうか。こういう静かになった状態の富士が、宝永四年の東海地震に引きつづく大爆発を迎えるのである。南斜面を突き破った側方噴火であった。

なお草柳卓二（一九八八）は「富士噴火年表」で元和七年（一六二一）、寛永四年（一六二七）、同八年の三つの年にも噴煙ありとしている。元和七年の噴煙記事は『群書類従』に収録された『湯本紀行』によると記されている。たしかに『続群書類従』第一八輯下に『湯本紀行』があることになっているが、この文献は実際は「欠本」となっている。草柳氏が何を見たのかは追検証できなかった。また、寛永四年の噴煙記事は「泰平年表」と『野史』によるとしている。幕末に編集されたこれらの年表を見ると、たしかに「寛永四年一一月二三日に富士が噴火して江戸で四日間黒い灰が降った」という記事がある。しかし、この記事は明白に宝永四年一一月二三日の宝永の大噴火の年号誤記によって生じたものである。旧字体の「宝」を「寛」と読みまちがえてこれらの年表が作られたのである。寛永八年の降灰記事は三月のできごとだが、九州久留米、紀伊熊野にも灰が降った記録があるから富士とは無関係であろう。

さらに『理科年表』には元禄一三年（一七〇〇）に富士噴火あり、となっている。武者の『増訂大日本地震史料』第二巻にただ一行のせられた『日本災異史』によるものである。『日本災異史』は小鹿島果が明治二六年（一八九三）に編纂した災害史料集で、この記事は『野史纂略』の「是歳駿河富士山噴火」という記事によるとされている。『野史纂略』は飯田忠彦が明治初年に編纂した『野史』とは別の文献であるらしく、『野史』には「帝紀」「武家列伝」ともにこの記事はない。この年代には江戸や名古屋で書かれた日記体の文献がいくつかあるが、それらには元禄一三年の項目に富士噴火の記載がなく、後代の編年史料にのみ書かれたこの噴火記事はきわめて疑わしい。

◉第三二話

元禄関東地震（一七〇三）と富士山の火山活動

元禄一六年一一月二三日（一七〇三年一二月三一日）の丑の刻（午前二時ごろ）に江戸を始め南関東地方を襲った元禄地震（マグニチュード八・二）は、大正関東地震（一九二三、マグニチュード七・九）と同じくフィリピン海プレートと北米プレートの境界面の滑りによって生じた大正関東地震の兄弟地震と考えられる。房総半島先端部の隆起の量が、大正関東震災が約一・五メートルであったのに対して、元禄地震では四～五メートルに達していたことなどから、元禄地震のほうがより大きな規模の地震であったことが判明している。双方の地震のメカニズムや震源域に関しては、多数の研究者によるさまざまな提案があるが、およそ図19の楕円域として表すことができる。房総半島の先端、千倉付近の四段の海岸段丘の形成年代の研究によって、元禄地震は、最近六〇〇〇年間に起きた四回の超巨大地震の一つであることが明らかにされている。二〇一一年の東日本震災の発生以来、一つの場所で千年に一度程度しか起きない巨大地震は「千年震災（ミレニアム地震）」と呼ばれるようになったが、元禄関東地震もまた疑いもなく「千年震災」

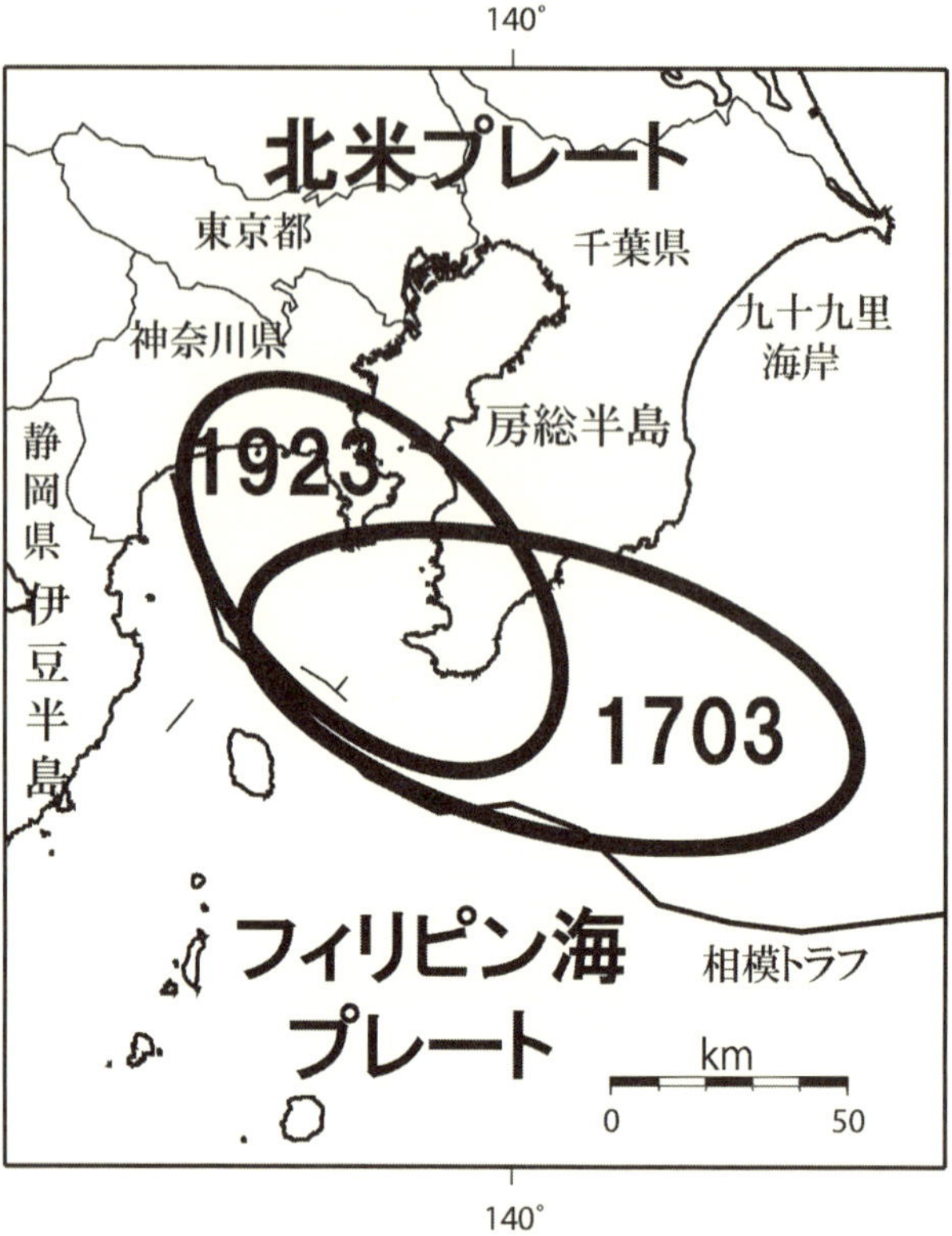

図 19　大正関東震災（1923）と元禄地震（1703）の震源域

の一つである。

さて、火山の噴火は、しばしば巨大地震によって誘発されることが知られている。たとえば、元禄関東地震の四年後に起きた宝永東海地震（一七〇七）の四九日後に富士山の南西斜面に側方噴火を起こして宝永山を生じた「宝永噴火」が起きている。それでは、この「千年震災」の一つである元禄関東地震に伴って、富士山は火山活動として何も影響を受けなかったのであろうか？　じつは、「本格的な噴火はしなかったが、火山活動的に多少の影響は与えた」らしいのである。元禄地震本震の三五日後の一二月二八日に富士山の東の山麓地方で本震以後最大の余震があった。その翌日、富士山が鳴動を起こした。このことについて、富士山頂の南南東わずか約二五キロメートルに位置する沼津市東熊堂《ひがしくまんどう》の大泉寺の僧・教悦は、次のように記している。すなわち、「極月（一二月）二十八日よほどつよくゆり、みくりや（＝御殿場市とその周辺）などは朝卯ノ刻（午前六時）よりゆり出し、一日ゆり、小屋などもゆりくずすやうにゆり、（中略）、夜に取分《とりわけ》しげくゆり候ゆへに、油断なりがたく候。極月晦日（＝一二月二九日）には、富士山な（鳴）り、正月二日三日両日には大分になり、それより地震少々ずつになり、自然とゆりやみ候」というのである。この文によると、元禄関東地震の三五日後に富士山付近で起きた大きな地震は、その日の朝六時頃から同日夜まで揺り続けた。翌日一二月二九日から富士の鳴動が聞こえはじめ、元禄一七年一月元日から三日まで四日間にわたって鳴動が継続した、というのである。静岡大学の小山真人教授は『富士を知る』のなかで、「元禄地震によって刺激を受けた富士山下のマグマが、かなり浅い部分にまで上昇してきて群発地震を起こしたようですが、幸いにして噴火にまでは至らなかったとの推定が成り立つのです」と述べている。幸い、富士山はこの時には噴火しそうになったが、噴火には至らなかった。そうして、その四年後、宝永東海地震を迎え、富士山は華々しい噴火を起こすのである。

第三三話

元禄関東地震と富士山の火山活動　その二

元禄一六年一一月二三日（一七〇三年一二月三一日）の未明に起きた南関東地震は、千年震災の一つと考えられる巨大地震であった。この地震の影響で三五日後の富士山は「噴火しそうになって止めた」らしいと前の節で論じた。この富士山体内部のマグマの活動の直接の端緒となったのは、元禄地震の三五日後の一二月二八日朝の富士山付近の地震である。この地震の震度分布図を見ておこう。

被害が一番大きかったのは御殿場市と小山町の「御厨《みくりや》」地方であったと見られる。沼津市東熊堂の大泉寺の僧・教悦は「みくりやなどは朝卯ノ刻（午前六時）よりゆり出し、一日ゆり、小屋などもゆりくずすやうにゆり。皆々迷惑仕《つかまつり》」と記している。その「御厨地方」の小山町旧北郷（現用沢）では、「同十二月二十八日早朝、又激震して、大地破裂し、家屋大半倒れ、仮屋また大に破れ、人畜圧死せるもの前日に加ふ」と記録されている（『駿東郡北郷村誌』）。「家屋大半倒れ」は現行の気象庁震度の六強ないし七に相当する。

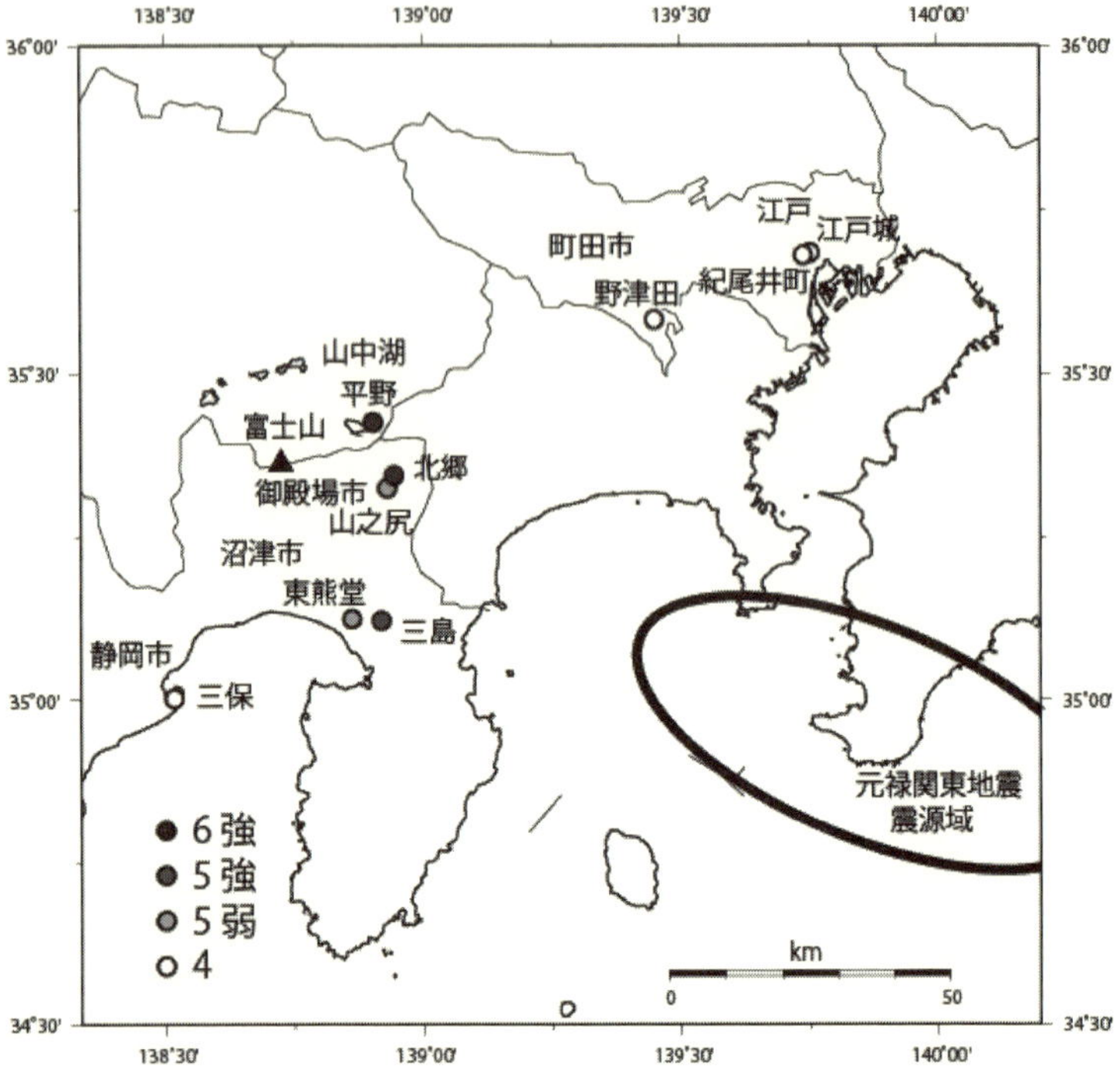

図 20　元禄関東地震（1703）の 35 日後に起きた富士山直下の地震の震度分布。ウスズミの円は被害が起きた場所。

この北郷の約二キロ南の御殿場市山之尻の滝口氏所蔵の文書によれば、「同十二月廿八日明六ツ時（午前六時）に、またまた大地震仕《つかまつり》、石仏らん塔などおもに揺り転《ころび》し、或いは下水ためこいなどゆりこぼし、あるいは地震かろくはなれども亥年迄五年の間地震揺り止むことなし」と書かれている。これによると、山之尻の地元では、寺院の石仏や、歴代僧侶の墓である「卵塔（無縫塔ともいう）」が転倒し、便所が溢れたという。山之尻では、震度五強と推定される。さらに注目するべきことは「この元禄十六年十二月二十八日（一七〇四年二月三日）の地震から五年後の宝永四年一〇月四日（一七〇七年一〇月二八日）の宝永地震、そして、その四十九日後の宝永四年十一月二十三日の富士山宝永噴火の日までずーっと止むことが無く続いた」と記録されていることである。富士山宝永噴火の準備活動は噴火の四十九日前の宝永地震ではじまったのではない、五年前の元禄関東地震に誘発された、元禄十六年十二月二十八日午前六時の富士山直下地震から始まっていたのである。

この北郷の北方約八キロメートル、山梨・静岡の県境の篭坂峠を越えると富士五湖の一つである山中湖がある。この山中湖の北岸に長池、東岸上に平野の集落がある。『楽只堂年録《らくしどう》』によると、「甲州郡内領（現在の都留市と富士吉田市）」の元禄地震の被害として、「二百十一軒本潰、五十九軒半潰、五十六軒其後の地震にて段々半潰」との記載がある。このうち全壊と半壊は元禄関東地震の本震による被害であろう。ところが、本震の後の地震によって、五十六軒が半潰となったというのである。この「其後の地震」が一二月二八日の地震とその後に引き続いた地震であることは、北郷村などの記録と比較して疑う余地はないであろう。平野では震度六強の強い揺れであったと推定される。

このほか三嶋大社の大宮司が、「同十二月二十八日早朝亦大に震ふ。仮屋大破」とあって東海道三島宿でも震度五強であったと推定される。以上の外、静岡市三保、江戸、町田市野津田で「大揺れ」と記録され震度四と、日光東照宮で有感（震度三）であったと見られる。

以上のような各地の震度の推定の結果得られた、この地震の震度分布図（図20）を見てみると、震源は富士山の山体の直下にあることはほぼ明らかである。したがって、この元禄一六年一二月二八日の地震を「富士山体直下地震」と呼ぶことにすれば、その震源は明らかに元禄関東地震の震源域から離れた位置にある。このため、富士山体直下地震は元禄関東地震によって誘発された地震ではあっても、その余震ではない。すなわち、千年震災である元禄地震は、その震源からやや遠い位置にある富士山宝永噴火の端緒となった富士山体直下地震を誘発したのである。

◉第三四話

宝永東海地震

有名な富士の宝永噴火は宝永四年（一七〇七）一一月二三日にはじまっている。この噴火の四九日前の一〇月四日には、宝永地震（マグニチュード八・四）がおきている。宝永地震の震源域は、その一四七年後におきた安政東海地震（一八五四年一二月二三日）と、その翌日に紀伊半島、四国沖を震源としておきた安政南海地震の、二つの巨大地震をあわせた広大な領域にほぼ相当する。つまり宝永地震は東海地震の要素を含んでいるのである。

宝永地震では震度六から七（家屋倒壊あり）の範囲は、静岡県清水市以東、高知県にまでおよんでいる。さらにこの地震の翌五日には富士川中流域を震源とする大きな余震があり、これによっても家屋倒壊と死者があった。

この地震による静岡県内の死者の分布を調べるため、筆者は平野部にあるお寺を対象に、過去帳（死者のリスト）に記された死者数のアンケート調査をしたことがある。宝永地震のあった一〇月四日、および大きな余震のあった翌五日の死者が記録されているかどうかを各寺院の住職各位に回答していただいた。この結果を図21に示しておく。点線は調査範囲である。黒丸はこの当時の過去帳あり、しかも檀家のなかに死者なしの寺院で、白丸は四日の死者ありの寺院で数字は死者数である。また白四角は五日の大余震による死者ありの寺院である。カッコ付きの数字は、古文書記載によって知られる各地の死者数である。

当時の寺院一ヵ所あたりの檀家数とその人口は、大ざっぱに四〇軒、二〇〇人というところであった。江戸時代は平均寿命が現代より短く一・五万日とすると、寺が七五ヵ所あれば支配人口は一万五〇〇〇人となり、一日あたり自然死者一人を生ずる。この比率から考えて、図に示された死者のほとんどは自然死者ではなく地震による死者であろう。

静岡県の平野部ではほとんど人が死んでいない。三島、富士川下流の蒲原、由比《ゆい》、清水市、焼津、大井川町、島田、相良、磐田、浜松などではこの方法では死者は見つからなかった。浜松では全壊七一、半壊二九、大破五二、小破四八の家屋被害があったが死者はなかったと伝える。ただ、わずかながら、静岡市安倍川東岸域、藤枝宿、竜洋町に死者があったことがわかる。また古文書記載により、菊川流域と袋井にも絶対数は少ないながら死者を生じている。

富士川中流域の富士宮、上柚野《かみゆの》、清水市山間部の茂野島、梅ヶ島温泉などには五日の余震による一群の死者があったことが知られる。このような地震動による死者の分布密度はあとで述べる安政東海地震よりずっと少ないものだ。

ことに富士川河口西岸で死者を生じなかったことは、この地震の本震では富士川断層は大き

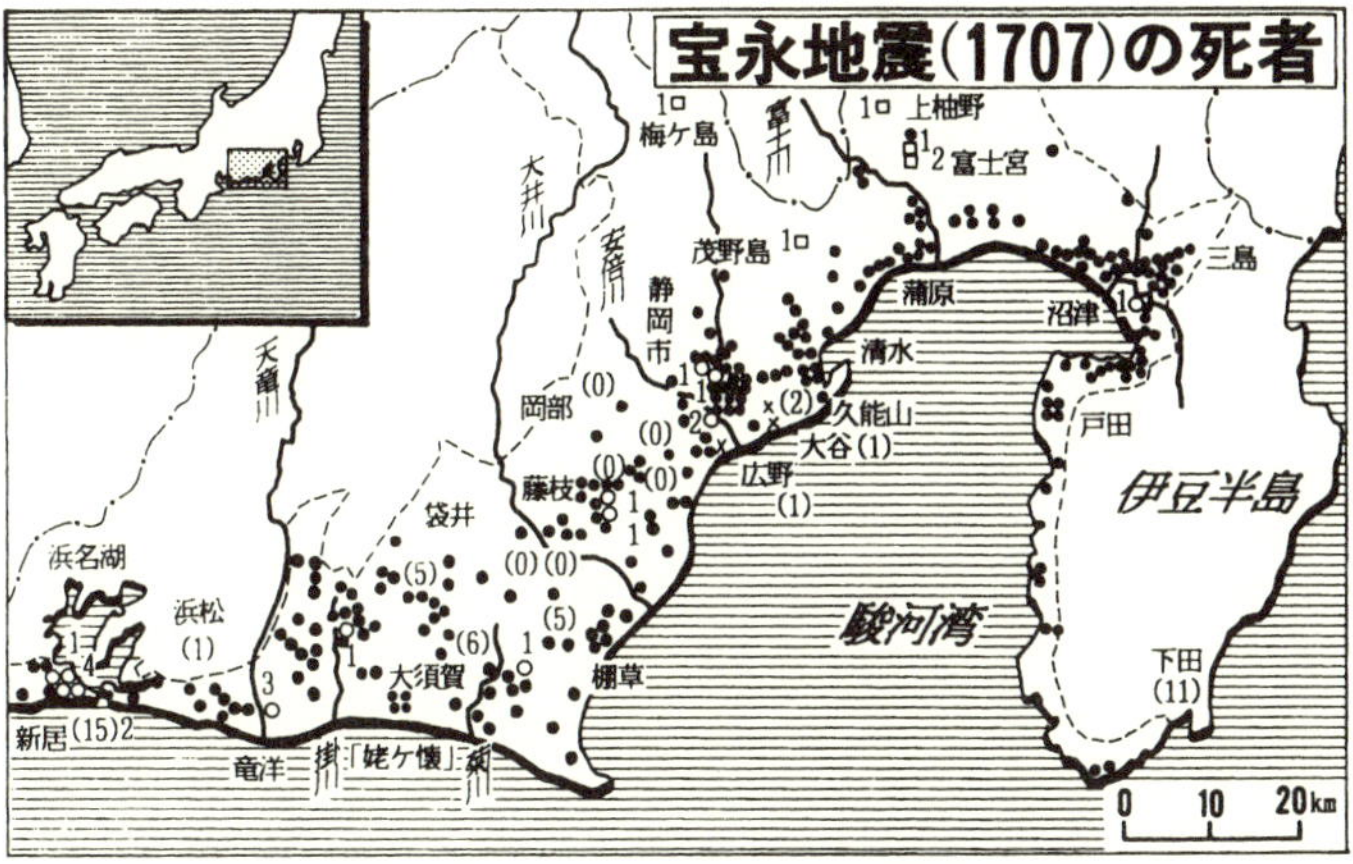

図 21　寺院過去帳アンケートによって調べた宝永地震（1707 年）の死者。点線は調査範囲、●は檀家内に死者のなかった寺院。○は檀家中に宝永地震本震（10 月 28 日、旧暦宝永 4 年 10 月 4 日）による死者のあった寺院で、数字は死者数、□は檀家中に本震翌日に富士川流域におきた大きな余震の死者のあった寺院。
（　）の数字は古文書によって知られる死者。静岡県平野部全体を通じて地震による死者数はかなり少なかったといえる。ただ浜名湖と下田での津波による死者、および富士川流域中での余震による死者が注目される。

くは動いてはいなかったのではないか、と思わせる。宝永地震の震源域は駿河湾の奥部には入っていないのである。

山梨県では甲西町落合で全壊八一軒、半壊五六軒とあり、増穂町大久保で倒壊家屋ありとする以外は具体的な被害記録は少ない。津波の被害は伊豆下田と浜名湖口での死者数がめだつ。下田八幡宮の「社中秘書」に「家数九百二十軒、うち八百五十七軒流失、五十五軒半壊、男女十一人溺死、大小船九十三艘破損」と記録されている。浜名湖口は津波と地盤沈下のため大きく地形が変わり、新居宿では二四〇軒あまり流失、一〇〇軒あまり倒壊して一五人の死者を出している。

過去帳アンケート調査によって、このうち七人の死者を確認することができた。湖西市白須賀は津波で四五軒流失、五一軒全壊、三七軒半壊の大被害を出し、津波後に汐見坂上へ宿ごと移転している。豆州代官小長谷《こながや》勘左衛門の報告書によると、伊豆西海岸では死者は生じていない。この地震で、清水市三保の貝島と向島が沈下し、また浜名湖は全域が沈下した。

湖奥部の気賀《きが》では近藤縫殿助の領分の水田のうち二六五四石分の土地が沈下して湖の一部と化した。逆に御前崎付近は土地が隆起し、大須賀町横須賀は「姥《うば》が懐《ふところ》」とよばれた天然の良港がすべて陸地になってしまった。

浜名湖の沈下、御前崎の隆起は安政東海地震に共通するが、清水は安政では隆起している。宝永地震は安政地震とおなじ地震だといわれることがある。たしかに宝永地震でも断層滑りは駿河湾内に達していたことは確実である。しかし、宝永地震の、静岡県平野部の死者の絶対数の少なさ、ことに富士川河口付近での死者数がゼロに近いこと、山梨県の被害の少なさ、伊豆西海岸の津波被害の軽さ、清水の地変の差など、断層面の滑りは、安政東海地震とはちがって、駿河湾の湾奥にまでは達してはいなかったと判断される。

◉第三五話

宝永の大噴火――前編

富士山を南面の静岡県側から見ると、森林限界やや上部、六、七合目付近で南に突き出た峰を見ることができるであろう。この峰は宝永山とよばれ、宝永四年（一七〇七）一一月二三日にはじまる近世最大の噴火活動で生じたものである。この噴火に先立つこと四九日、一〇月四日には宝永地震がおきて、伊豆下田、紀州の尾鷲《おわせ》などに大津波が襲い、市街地の家屋がほぼすべて流失するという惨事となった。

この地震の三五日後の一一月一〇日ころから、富士山麓の村々では一日三、四度の地響きのような音が聞こえるようになった。御殿場市山之尻の滝口賢雄氏所蔵の「御殿場旧記」に不思議なことが書いてある。一〇月四日の宝永地震本震はこの地方でも大きな揺れであったが被害はなかった。ただ富士山西南方向の富士郡では大きな被害であったという風聞（うわさ）を聞いた。富士山は地震後も絶え間なく揺れているという噂を聞いていたところ、こんどは一一月二二日、二三日に大地震が来るぞという風聞がしきりとささやかれ、人々は一一月二〇日ころから避難用の小屋をつくり、小屋で暮らすようになっていた。このころから地震がひんぱんにおきるようになり、一一月二二日午後二時ころからその回数が急増した。そしてこの噂は的中して二三日午前八時に噴火の先駆けとなる大地震を感じるのである。

この地震が二二日、二三日におきると的中させた噂の発生源には、どんな地震噴火予知超能力者がいたのであろう。富士市吉原宿問屋年寄りの二三日付注進によると、二三日には朝六時ころと八時ころ大音響とともに大きな地震が感じられた。二二日からこのときまでに三〇度ほど地震があり、吉原宿ではこの地震で宝永地震の本震で半壊となって残った家のなかに全壊するものがあった。その後午前一〇時ころ、烈しい鳴動音がはじまり、この音で気絶して倒れてしまう人が多かったが富士山西南側の富士郡では死ぬ人はなかった。富士の南斜面森林限界付近に噴煙が立ちのぼった（原文は「雪流・木立の境より煙巻出し」）。それとともにおびただしい量の火山灰が噴出しはじめた。富士は古代貞観六年（八六四）の北面噴火に匹敵する大噴火活動を開始したのである。宝永地震の四九日後のことであった。

昼のうちは煙と見えていたものが、日の暮れる午後六時には煙がみな炎（原文は火煙）に見えたという。富士宮の「滝口文書」には、「（噴火にともなう地面の揺れで）民屋もたちまち潰れるごとく動く故に、ひとりも家に居住なしがたし。夜に入り、右の煙は火煙となり、空に立ちのぼりそのうち鞠の如き白きものと、火玉天を突くごとくにして、上がることおびただしくして昼のごとく輝く」とある。

「鞠のような白いもの」はガラス質のマグマであろう。富士は元来ケイ酸の含有量の少ない玄武岩質の黒い色のさらさらしたマグマを出すのであった。しかし、この場合は長年のマグマ溜《だま》り内での成分分化が進行したあと、その上澄みのマグマ液層にケイ酸の濃い部分が濃縮してたまり、それが宝永爆発の最初の一、二日に噴出したために、ガラスの溶けたような白い、粘りけの強いマグマとなって現れたのである。最初、白い噴出物があったというのは、他の文書にも記載されている。

富士山の西側と南側には噴出物の降下は少なかったので、吉原や大宮（富士宮）では直接の被害は地震動によるもののみであった。これに対して偏西風によって東方に運ばれた噴出物の直撃をくらった富士山の東側に位置する須走、御殿場では、この日は朝八時ごろから昼夜の区別も知らず、最初は白い灰が降り、つぎに大きくて白い軽石が降り、そのうちに熱い石が降ってくるようになって、ついに石が落下するとそこが火事になる、というありさまであった。この日の午後四時ごろ、東山麓の須走村の神主の家に焼け石が落ちて家が全焼した。そして、夜一二時にここに降った焼け石のためについに家数七五軒の須走村は三七軒が焼失、三八軒は全壊という文字どおりの全滅状態となった。

「御殿場旧記」によると、二三日は石が降りかかり、雷がしきりに鳴り、地面は振動し、そのうえあたりは昼夜とも暗闇がつづくので五家族、七家族が寄り集まって危ない命をつないでいた。二五日朝はすこし明るくなり、富士山を見ることができた。「このときはじめて富士山が焼けているのを知った」。つまりこのときまで、焼け石が降ってくるのは富士山が噴火したからだとは気がつかなかった、というのである。この日、御殿場から見た富士山はただ一面火炎の山となっていた。そしてこの日も大地の振動と雷と石砂の降下はやむことがなかった。そのうち、伊豆の国は砂が降っていないという話を聞き伝え、昼夜を分かたず逃げだす人々が続出した。そのなかには老人や子供もいたが、おおかたははだしで痛々しいようすであった。

以上は御殿場、須走から見た宝永噴火のありさまである。そのすぐ東に位置する静岡県小山町旧北郷村大御神の天野氏の記録によると、一一月二三日午前八時ころ、大地震とともにはじまった富士山南面の爆発は、最初、轟音《ごうおん》と大きな大地振動と噴煙からなる黒い雲と雷をもたらしただけであったが、同一〇時ごろから雨のように石砂が降ってきた。なかには蹴鞠《けまり》よりも大きいものがあった。草木は焦げ、牛馬は倒れ飛ぶ鳥は石に打たれて林に死ぬありさまであった。力のあるものは死にものぐるいで火を防ぎ、老人婦女はひたすら念仏を唱える。あるものは天の柱が砕けたのではという。あるものは太陽が壊れたのではという。

死を覚悟して二四日かすかに光が見えて、家族のものがどうなっているかはじめて確認できた。空からはなお桃ほどの大きさの石が降ってくる。二五日はようやく雲間に日がさすようになり、これが富士の噴火のせいだとわかった。まだこの日もときに桃ほどの石が落ちてくる。二六日にはまだ砂が降ってくるが、大きい石はなくときどき豆ぐらいのものが降るのみとなった。人々は田畑や家財を残して、老人子供を助けながら安全な富士西南方向へ逃げはじめた。

しかし、食料はすでに尽き、人々は憔悴しきっていた。飢えで倒れた人が野に転がっているありさまであった。

石砂の降下は二七日まで五日間つづいてやんだが、噴煙と噴出物はその後もしばらくつづいた。一二月四日の午前一〇時にやや強い地震があり夜まで揺れつづけ、火の玉が噴出するのが見られ、鳴動が五日の朝までつづいたが、六日には完全におさまった。八日に地震と火の玉の噴出があったがたいしたことはなかった。噴煙は一二月九日に止まり、富士の南斜面には大きな爆発孔と突堤のように突き出た峰が現れていた。宝永火口と宝永山である。

こんどは、富士の北側で書かれた記録を紹介しよう。富士吉田の師職（神職の階級のひとつ）田辺安豊は長歌の形式で噴火のようすを述べている。本格的な噴火がはじまったのは一一月二三日であったが、その前日の二二日には、暮れ六ツ時（午後六時）に地震がはじまり、その夜は五〇回ほど揺れた。二三日の夜が明けて、震動は数知れずとなった。巳の刻（午前一〇時）に南の方に空から丸い釣鐘ほどの大きさの光るものが降ってきたかと思うと、山のような黒煙が現れ、多くの雷が一時に落ちたような音に肝を潰した。

午後六時から、ふたたび雷のような鳴動がしきりに聞こえた。午後一〇時、火煙が燃え火の玉が天に上がるのが見えた（ここまでは火山弾の噴出が主であった）。

二四日の午前一〇時には霞のような薄煙が（富士の）四方にかかった。須走は石砂、空からの火で滅亡したという噂が流れ吉田の町は急に騒動がおきた。この日の夜一〇時、大きな地震があって、火映はより強くなった。二五日は朝日がさして小康状態となった。翌二六日は吉田の神社で御祈禱がおこなわれた。

二七日朝には噴煙が高く立ちのぼるのが見えたが、昼からは日がさし小康状態にもどった。二九日の夜一〇時過ぎにまた地震がおき、噴出物が火の玉となって飛ぶのが目撃された。

一二月にはいって噴火は鎮まっているのであるが、四日の午前一〇時から地震がはじまり、夜までつづいて、この日の夜は噴出物の火の玉が数多く見られた。

しかしこの活動も五日には減衰し、六、七日は太陽がさした。八日の深夜〇時にふたたび地震と噴出物による火の玉が見られ、九日午前四時に収まったのを最後に、宝永の富士噴火活動は止まった。

一二月四日と八日の活動は富士の東の小山の記録と北の富士吉田の双方で記録されている。以上が富士吉田の記録である。

この宝永の大噴火によって小山町須走での降下石砂の厚さは一丈三尺余（約四メートル）に達した。さらに火山で噴出した砂は富士山頂から偏西風に流されて東に降り積もり、御殿場で約一メートル、小田原九〇センチ、秦野で六〇センチあまり、藤沢で二五センチ、そして江戸で一五センチと伝えられる。

◉第三六話

宝永の大噴火――後編

富士山の宝永噴火について、富士山からやや離れた各地の記録をみておこう。噴火のはじまりとなった一一月二三日の振動は地震としても大きかった。沼津市大平の「月ケ洞・桃源院文書」中の「大平年代記」（山本俊幸氏所蔵）には「夜九ツ時（〇時）より何となしに天地震動し、（そのうち）山も崩るるばかり、稲妻の響きわたるがごとく家をゆるがし草木をなびかし人も立居行くもあいなりがたし」と震動中は歩行も困難になったことが述べられ、さらに人々は家の中にいるのに危険を感じて四、五日屋外に小屋がけして暮らした、と記録されている。沼津市多比《たい》の伝承では「火の雨」が降るというので、人々は集落から約一・五キロメートル離れた岩屋に避難した。ここの桂林寺の大場住職の話では、いまはそこに石の観音菩薩が安置してあるとのことである。

風に容易に吹きとばされる細かな火山灰は偏西風にのって富士山から東の方に流され降下した。しかし、風にあまり影響されない大きな石・火山弾は宝永火口から四方に飛び散っている。

静岡県西部の磐田市上大之郷の十輪寺の記録にも「四斗樽大」の火石を降らす、と記されている。長野県伊那の赤穂（現、伊那市）にも灰が降った記録がある。

静岡県沼津市三津の大川文作氏の所蔵文書によると、二三日の朝六時から九時までのあいだに三、四回地震があり、その後、雷のような音が絶え間なく響いて家が揺れ、戸障子の音がおびただしくそばにいる人の話し声も聞こえなくなるほどであった。これは地震によるものではなく「空振《くうしん》」とよばれる現象であろう。音速より速く飛ぶ飛行機が空気中に衝撃波をおこし、ガラス窓がビリビリと振動することがある。宝永噴火のときは噴火自身によって衝撃波がひきおこされたものであろう。当時三津ではだれもこのような異変を経験した人がいないので、すこしでも安全なところと寺院に家財道具を運びこみ、境内に戸板を敷き、人々は念仏を唱えはじめた。この日は午後二時まで曇っていたが、三時ごろすこし雲が薄くなったとき富士の姿が見えた。なんと富士の頂上付近は見たこともないような異様な五色の雲が湧きたって東の空になびき渡っている。そのうち沼津宿から富士に御神火が燃え出たとの知らせが伝わってきた。一二月七日まで昼夜の別なく焼け出し、富士の東の裾の平野部がすっかり砂に埋まっているようすがみられた、という。

新井白石の『折たく柴の記』は、この噴火のときの江戸のようすを伝えている。彼は二三日の午後一時ころに江戸城に出勤することを命ぜられていたところ、一二時過ぎ雷の音を聞き、自宅を出るころには雪が降っているようなありさまであった。江戸からみて南西の方向の空は黒い雲が立ちのぼっていて、しきりに稲光がしている。城に着くころには白い灰が地面を埋め、草木もまた真っ白にみえた。この日はたまたま吉保朝臣の二人の叙爵があり、午後三時ころ将軍の御前に参ったところ、空がはなはだ暗くて蠟燭をともして講に列席した。午後八時ころ灰は降らなくなったが地鳴りと地震が絶え間なくつづいた。二日後の二五日にふたたび空が暗くなって雷のような音が鳴り、夜しきりに灰が降った。この日はじめてこの異変が富士の噴火によるものであるということを口伝てに耳にした。その日以後は黒い灰がやむことなく降りつづいた、とある。

ここで、富士山から最初の二日目までは白い灰が噴出したが、その後黒い灰に変化した、と述べられていることに注意。明治大学の中村利廣ら（一九八六）が火山学会誌に出した報告では、須走付近の富士斜面で宝永噴火の噴出物の層別化学組成を調べたところ、この噴火を通じて形成された一七枚の層のうち、最初に積もった六層まではケイ酸とカリウムとナトリウムが多くて白っぽい色をしていた。この火山灰を加熱すると、ガラスに似た粘りけのある水飴のような性質をもっている。噴火のはじめのころ「蹴鞠《けまり》のような」と書かれた噴出物がでたことは、この物性による。それ以後に積もった層ではこれらが少なくなって鉄とマグネシウムの多い黒っぽい色の噴出物であった、とある。この事実は『折たく柴の記』の記載が正確であることを物語る。さすが名前が新井白石。噴出物の白石と黒石をちゃんと区別して記述している。

◉第三七話

宝永噴火の前兆伝承

宝永噴火前後の興味深い記事を二つ紹介しておこう。噴火予知に有効な資料であるかもしれないし、たんなるガセネタかもしれない。私はまじめに理解すべきものと考えている。

「宝永年間諸覚」にこんな話が載っている。富士の噴火のはじまる四、五〇日前、富士近辺のあるところで地上に大きな穴が開いた。その地元の者が長い縄を垂らしたところ、どこまでいっても底に着かない。ついに縄の長さを約四五〇メートル（原文は二百五、六十間）も垂れ下げてもなお底に着かない。なかは風が吹いているらしく、いちばん先に石を縛りつけても、吹きもどされてしまう。

これはいったい何であろう。この説話が事実であれば、たいへん興味深いことである。この説話を、富士噴火の四九日前に、宝永地震がおきたという事実と併せて考えてみよう。四、五〇日前というのは、宝永地震とほぼ前後する時期である。地震の前であったか後であったかが知りたいところであるが、残念ながらそれは記されていない。「前」だったら重大である。宝永地震と富士噴火とは因果関係はないことが証明されるからである。
つまり、ある共通の原因があって、その結果として一方は巨大地震となって結果が現れ、一方は富士の噴火として結果が現れたことになる。しかも、富士噴火には「底無し穴」という前兆が現れていた。この「底無し穴」がどこに現れたのかは、たいへん知りたいところであるが、残念ながら「宝永年間諸覚」の原文には書かれていない。どなたか、この伝承をご存じの方、いませんか。

富士の東の裾野の御厨《みくりや》というところに「浄光寺」という小さなお寺があった。噴火のはじまる一一月二三日の前日の夜半過ぎ、この寺の和尚さんは、なにやら人が数百人も通りすぎるような物音を聞いた。不思議に思った和尚さんが、垣根のあいだから外をのぞくと、いく万という獣《けだもの》が富士山のほうから甲斐国をめざして走り過ぎていくのが見えた。

夜が明けようとするころまだ獣の列がつづいている。よく見ると日ごろ見かけない動物もたくさん混じっている。さらに二時間ほどすると、さすがに通り過ぎる獣もまばらになった。富士山じゅうの獣が脱出したかと思われるころ、身のたけ三メートル（原文は一丈）もあろうかという熊のような動物が出てきた。背中に二本の角があり、体じゅうに眼がある。眼光がするどい。獣の総元締めとみえて人間のように二本足で立ち、手をひろげて他の獣を追い立てるようにして通り過ぎていった。変だなあと思っていると、富士山の噴火がはじまった。古老に聞くと、富士山の主《ぬし》であるという。

図22　冠雪の富士の南東側斜面、雪がきれたあたりに突き出した宝永火口。宝永噴火の直前には、富士山近辺の「あるところ」で穴が開いたという。＝富士吉田市忍野側から撮影（共同通信社提供）

この話は『落穂雑談一言集』に載っている。火山噴火の直前に、たくさんの動物がその山域から群れをなして脱出するという話は、いくつかの例が知られているので、この話も事実にもとづくものであろう。

最後に出てきた「主」のような獣はなんだろう？　わが息子のひいきのウルトラマン・エイティーのテレビ番組にでも出てきそうな姿である。まっさかー。ちなみに、ザ・ウルトラマンはジ・アルトラマンが正しい。

もうひとつ、奇妙な話。京都に「将軍塚」というのがある。また多田満仲《ただのまんじゆう》（「只の饅頭」ではない）の御廟というのがある。富士が噴火したころ、この将軍塚が鳴動し、御廟が震動した、という記事が土佐の「宝永地震記」に記されている。古来この二つが鳴動したり、震動したりするときにはなにかの変事の前兆である、とされている。さすがのボクもこれはかなり眉唾だと思うが、地震学、火山学の若きシュリーマンが、なにか科学的な実証をしてくれたら、いさぎよく降参する。

＊一八一ページ写真の撮影場所の旧版の誤りについて、奄美大島瀬戸内町の河原辰夫氏のご指摘をうけました。

◉第三八話

砂降り被害と伊奈半左衛門の業績

宝永四年の富士山噴火による降灰の被害は、富士山頂上からみて東方にあたる、駿河国駿東《すんとう》郡、相模国の足柄上郡から淘綾《ゆるぎ》郡（現在中郡）、大住郡（平塚市）、そして鎌倉郡におよんでいる。なかでも被害の大きかった駿東郡と足柄上郡の多くは、小田原藩大久保氏の領地であった。藩では噴火後ただちに米一万俵の救援をしたが、焼け石に水であった。当時「御厨《みくりや》」とよばれた小山、御殿場地方と、相模国足柄地方には、厚い火山砂に埋もれて荒れ果てた田畑が残った。次の年の春の農作業にそなえるべく厚い火山灰を取り除け、田畑を復旧することは、とてもそこに住む農民の手のみではなしうることではなかった。食料の尽きた村では餓死するものも出はじめた。

そこで幕府は、翌五年閏正月七日に臨時的に駿東郡北部と足柄上郡、下郡を幕府公領とし、その支配を関東郡代であった伊奈半左衛門に命じた。彼は、被災地五八ヵ村を踏査巡見して将軍に惨状を訴え、幕府から救援金を被災者に送らせたほか、砂の厚さが三尺（九〇センチメートル）以上であった三九ヵ村に宝永五年三月から翌六年二月まで一年間のあいだ一人一合の米を、砂の厚さがこれ以下の村々にも田一反につき三〇〇文から一分までの救援金を出させている。さらに彼は降り積もった砂を酒匂川《さかわ》を通して流し出すという大工事を計画し、全国各地の大名に労力、資金の協力負担を訴えている。幕府は砂よけの事業のため、各地の大名、旗本たちに、石高一〇〇石あたり金二両の上納金の供出を命じている。「富士の根の、私領御領に灰ふりて、今は二両ぞかかる国々」とのざれ歌が残っている。

さらに幕府は、同年閏正月九日には備前岡山藩の池田綱政、越前大野藩の土井利知、豊前小倉藩の小笠原忠雄、肥後高瀬藩細川利昌、鳥取新田藩の池田仲英の各藩主にこの砂よけ復旧の事業の普請手伝いを命じている。

噴火二年後の宝永六年五月には、幕府は河野勘右衛門に被災地の視察を命じ、砂よけ、川さらい工事のため田畑一反につき三両から一三両の予算を積み立てている。このときまた砂の厚かった二九ヵ村に高一〇〇石につき九両ほどの御救金の給付がなされた。

こうしていったんは完全に見捨てられた田畑は、数年をかけてしだいに復旧をはじめた。伊奈半左衛門はさらに幕府に申し出て被災した五八ヵ村に三六年間にわたる年貢の減免を実施させている。この間彼はいく度となく被災地と江戸を往復し、幕府に幾多の救援事業を提案し、それらの実施に幕府を誘導することに成功している。そして被災地の住民はだれひとり江戸に行って幕府に訴える者がなかった。半左衛門のおかげでその必要がなく、自分たちの郷土の復

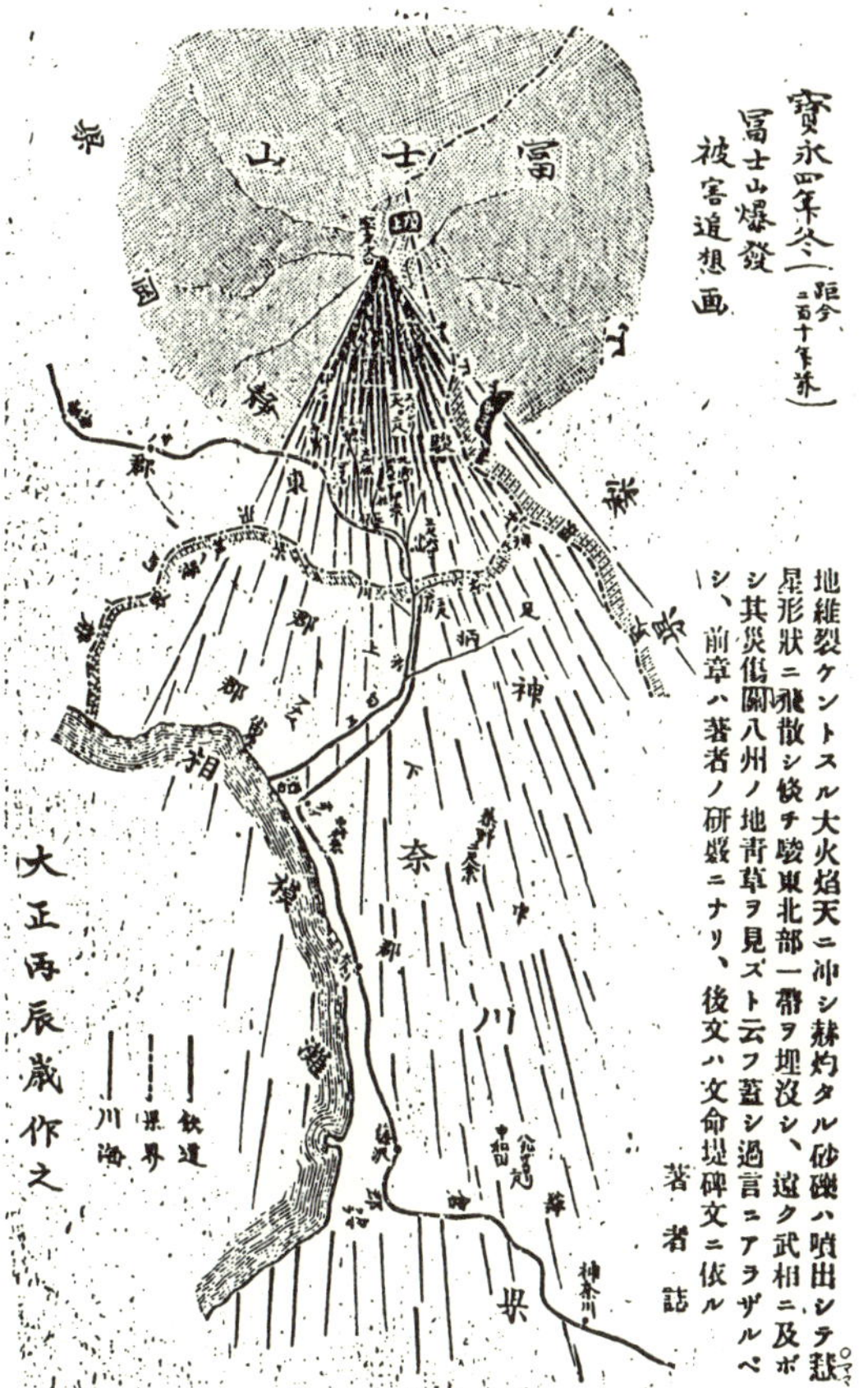

図 23　宝永噴火による火山灰の分布（渡辺誠道著『伊奈氏贈位欽仰録』より）

旧に専念できたのである。いま、静岡県駿東郡小山町旧北郷村の水神社には、彼のおかげで多くの人々が餓死を免れることができたことを永遠にたたえる石碑が建っている。

此里の民を恵みて荒砂を　かき流したる君ぞかしこき

渡辺丹治

このような努力はつづけられても、いったんよその土地へ移住した人が元の村の開発を断念してもどらなかった例もある。大御神村（小山町）の正徳二年（一七一二）の明細帳に、砂降り以前は総人口二四一人であったものが、一三〇人が村を出て生活しており、三人が残っているだけである、と書かれている。同村の享保元年（一七一六）の「相定申連判証文之事」という集落住民の協定を述べた古文書に、「亥の砂埋まりまかり成り田畑砂除け開発成り難く、当惑つかまつり候所々」とある。噴火後九年を経てなおこのありさまであった。さらにその五年後の享保六年にも「当村の儀、男女かせぎ何にてもござ無く候。亥年砂降り田畠砂地にまかり成り、困窮仕り候て、他国へ日用などにまかり出、渡世つかまつり候」とあって、田畑が埋もれ、生活手段を失って村を捨て去ったという記載が現れるのである。

◉第三九話

江戸中期に残った富士山頂火口の噴煙

宝永四年（一七〇七）の大噴火ののち、噴出活動は止まった。現在宝永山の南西に宝永噴火の痕跡である小火口が三つならんでいる。これは宝永の爆発によってできたものである。新たに生じた宝永山付近では、翌五年まで地熱を発する場所が残った。「須走旧御師記録」のなかに、宝永五年六月に須走浅間神社の神主小野民部から幕府宛に差し出した上申書があり、それに「宝永山南、今にいたるも少し焼け申し候」とある。「宝永山南」とあるので、一七〇八年夏ごろまで、この新火口付近にまだ熱があったことがわかる。しかし、この新火口周辺の地熱は急速にさめたらしく、これ以後この付近の地熱の記事は出現しない。宝永噴火の後も、弱いながら火山活動がみられるのは、ほとんどが頂上火口のものである。

まず、享保一八年（一七三三）に中谷顧山の筆になる『富岳之記』に、頂上火口について、

穴中より常に風吹き出す事も多少あり。故に風穴といふ。煙も出るよし。今日は煙見えず。

とある。一七三三年のころ頂上に立ってみれば噴煙が多少観測される日があったことがわかる。沸騰する池、あるいは硫黄の臭気などは観測された気配はない。中谷顧山が登頂した日には噴煙は見えなかった。登頂して頂上火口をのぞきこんだ人に噴煙が見えないほどであるから、遠方からの観察者にはほとんど噴煙は見られなくなっていたのであろう。

阿部正信は寛保二年（一七四二）に駿河国全般に関する地誌『駿国雑志』を完成した。富士山についても頂上付近の詳細を記しているが、頂上火口内の噴煙や地熱記事はない。

東方隆・荘田子謙は寛保二年に登頂しており、『富嶽図記』を残しているが、噴煙には何も触れていない。また宝暦五年（一七五五）に登頂した秋山玉山も『富嶽記』を書き残しているが、やはり、噴煙についての記載はない。さらには高陽山人の『富士登山記』は、安永五年（一七七六）の登山記であるが、やはり噴煙には触れられていないのである。

以上、一七〇七年の宝永の南面大噴火以後、頂上火口の噴煙はほとんどとだえたかのようにみえる。ところが、一七八〇年ころから一九世紀の前半にかけて、頂上火口内の噴煙活動が弱いながら復活したような形跡がみられるのである。

江戸の蘭学者で絵師でもあった、司馬江漢（一七三八―一八一八、本姓は安藤）は鎖国の江戸時代にあって西洋文化を紹介した人として知られているが、彼の晩年の筆記に『春波楼筆記《しゅんぱろうひっき》』というのがある。そのなかに「我壮年の時までは、頂より煙立ちけるに、今は煙なし」という一節がある。壮年を約四〇歳のときとすると、一七八〇年のころまでは、江戸から煙が立ちのぼるのが見られた、それ以後はまったく煙が見えなくなったことになろう。

このころ富士山の頂上のようすを実際に見て記録を書き残した人がいる。上州（群馬県）新田郡の郷士高山彦九郎（本名は正之）である。彼は安永九年（一七八〇）三三歳のとき富士山に登っており『富士山紀行』を書いている。頂上の中央火口については、「甑底よく見ゆ。煙のごときもの常ニ絶えることなし」と記しており、一七八〇年には頂上に立てば、中央火口底に煙がふきだしているのを見ることができた。ときには遠方から、淡い噴煙として見えることもあったであろう。

加茂季鷹の『富士日記』（甲斐双書一、一九三四年刊に所載）は、彼が寛政二年（一七九〇）に富士登山をし、北斜面を往復しているときの記録である。頂上火口について、「煙はたえてなしやとへば、いまも時にふれて立ちのぼれるを里人は見侍るとぞ」と記している。一七九〇年のころ、地元に住む人がまれに噴煙を見ることがある、と証言されている。富士頂上の噴煙は明治維新（一八六八）の約八〇年前まで、かすかではあるが、たしかに出ていたのである。

◉第四〇話

滅びた登山道、須山口と村山口

「須山口」という富士登山道は、まず九九・九パーセントの人は聞いたこともないだろう。無理もない。今（本書の初版を出版した一九九二年ころ）は廃絶した登山道だからである。江戸時代繁盛した須山口は、明治一三年（一八八〇）以後、御殿場口にとって代わられ消滅してしまったのである。

新庄道雄（一七七六―一八四五）の『駿河国新風土記』のなかに江戸時代の富士に関するくわしい記載がある。新庄道雄については後にくわしく述べるが、彼自身は文化五年（一八〇八）六月一五日と同九年七月に富士頂上まで登山している。富士山については『新風土記』の第二三、二四巻の二巻分を費やして、歴史、登山道の案内、富士周辺の風物など、細かく記載している。須山口登山道の記載はつぎのとおり。

「須山口は木瀬川から水窪、千福、御宿、金沢、今里、葛山《かつらやま》を経て須山村に至る。沼津より行程四里余り」。ここから一里（約四キロメートル）で須走・十里木を結ぶ道との交点である十文字辻に出る。ここから林のなかの馬返しまで一里、ここに水呑浅間神社があった。神社の北側に涌泉があり、役小角《えんのおづぬ》は登山の際この水を呑んだと伝える。檜の大木があって神木とされる。そこから一合目御室社の岩窟があり、登山道はこの岩窟のなかを通過する。中宮浅間社一合の三町（三〇〇メートル）上に飯綱太郎坊権現があってここが砂払いである。そこを過ぎると幕岩社道に出るがその東に大岩がある。そこからは視界が開け、（現在の御殿場口双子山上方に出て）九合目の御馬乗り石をめざして頂上にいたる。

以上が一八二〇年ころの須山口のガイドである。つまり現在の御殿場口の双子山上方（二つ塚、本来の三合目）より上方は江戸時代の須山口そのものである。この須山口が、一五世紀にまで歴史をたどりうる古い登山道であることは、『廻国雑記』の著者道興准后が証言している。

すなわち彼が、文明一八年（一四八六）六月中旬から一〇月にかけていまの京都から東国を巡回する旅行に出かけた。京都出発のとき「千さとまで思ひへだつな富士のねの煙の末に立別るとも」「思ひ立つ富士の煙の末までもへだてぬ心たぐへてぞやる」の二首が詠まれ、このころ富士の噴煙があったことを示している。武蔵国大塚からの帰路に、須山、十里木を通過した。「かつら山」を通るとき「冬枯れに名のみ残りてかつら山まさきもつたも色ぞまれなる」と詠んでいるので、もとの葛山の集落は一五世紀にすでに廃滅していたものとみえる。

そのあと「すはま口といふより、富士のふもとにいたりて。雪かきわけて、『よそにみし富士の白雪けふわけぬこころの道を神にまかせて』」と詠んでいる。「すはま」は須山の別称である。今、須山でこの「すはま」という別称は伝わっているだろうか。ところで、ここにハッキり「すはま口」と「口」が書かれていることに注意。すなわち一五世紀にすでにこの登山道があったことを示している。

この須山口登山道は、宝永火口のすぐ東側を通っていたため、宝永の大噴火によってほぼ壊滅状態となった。「此の道くづれて絶て登ことあたはず」と『新風土記』に述べられている。この道は宝永噴火後三〇年あまり通ることができなかった。宝永噴火の前、須山は人家が数百もあったが、噴火後一〇〇軒ほどに減少した。宝暦の末のころ（一七六〇年前後）より、ようやく登ることができるようになったが、道筋が一定せず、しかも休息・宿泊のための室《むろ》（山小屋）もなかったため、この道の登山者は少なかった。明和六年（一七六九）に書かれた『遠夷物語』に「須山今更登まれ也（いまもって登る人はまれである）」とある。

ところが寛政年間（一七八九—一八〇一）になると小屋も整備され、村山（大宮）口より繁盛するようになった。この須山口復興には須山浅間神社の渡辺隼人の力が大きかった。しかしこの道も明治一三年（一八八〇）に御殿場口が開かれると、ふたたび急速に衰えるのである。明治二九年の五万分の一地図には御殿場口と対等に表記されていたこの道も、今の二万五千分の一地図から完全に姿を消した。

私は四〇年ほど前、自転車で御殿場口太郎坊から林道（今の表富士周回道路）を南下して須山口の交点に出たことがある。ここから幕岩へはかすかな踏跡をたどっていけるようであったが、下方の十文字辻、須山への道は自衛隊演習地になって戦車と実弾射撃の轟音のなかに消えてしまっていた。

　今度は、須山口と同じように廃絶した村山口登山道を書こう。この道は現在は、富士宮、中沢、篠坂、カケスバタ、檜塚を通って頂上に達する富士宮口（表口）登山道にとって代わられている。しかし江戸時代の登山道はこれと平行して約三―五キロメートル南東側を通る「村山口」登山道であった。しかし、今、村山口は須山口とおなじようにまったく失われてしまった。この登山道の江戸時代の後期、文政一三年（一八三〇）ころのありさまを『駿河国新風土記』にみてみよう。

「富士登山の道は本宮の西から北をさして登る。万野原、粟倉といふところを過ぎて村山にいたる。ここまで二里半（一〇キロメートル）。村山の浅間宮の諸堂社末社は（中略）宝永の山焼けに退転（破壊）して今（一八三〇年ころ）は礎のみにて、大日堂のみ仮に造りて、この堂に浅間神又大棟梁権現も共に祭る」。宝永噴火の被害記事はもっぱら富士山の東側にのみ現れるのであるが、ここに記された村山浅間神社の諸堂の破壊記事は、南西側に現れた被害記事で、たいへん珍しいものである。「登山の道は浅間宮の側より茅野の中に入る。このほとり芝山と称するところなり。この茅野の中村山よりは一里ばかり東に鉄砲石といふものあり。またこの野の茅のなかに一本ススキといふものあり。たけは一丈に余る。一名鬼かやともいふ」。今、鉄砲石、一本ススキのことを知っている人はいるであろうか。道はさらに中宮八幡堂にいたり、ここを馬返しとする。村山からここまで二里。ここ以上は女性の立ち入りを禁じていた。ここから山道がはじまって、半里で岩屋不動に着く。さらに半里で役行者堂があり、富士に登る人から山役銭を徴収するところである。ここから先は毛無しといい、シャクナゲが地にふす以外に草木はない。そしてやっと一合目の小屋に達するのである。

昭和四〇年（一九六五）ころ発行されていた国土地理院の五万分の一地図には、村山口のルートが小径記号で載せられていた。それによると、村山から天照教社にいたり、それからはほぼ現在の富士宮と富士の市境線を通って高度をあげ、現在の富士宮口六合目のところで、合流していた。これによれば現在の富士宮口の六合目以上は、江戸時代の村山口と同一である。

明治の登山家小島烏水は、かつて村山口登山道の廃滅をおしんで、「さびれ行く富士の古道」を記した。小島烏水の時代には、まだわずかながら村山口は通れたようである。私も、四〇年ほどまえ、表富士周回道路と村山口の交点に立って、この古道の跡をたどろうと試みたことがある。当時にしてすでに道跡は完全に草に覆いつくされ、とても通れる状態にはなかった。

富士登山の歴史をもっとも実感できる道は、北の吉田口だ。ただし、スバルラインからわんさと人が押しかけ合流する六合目以上はほとんど情緒などはない。吉田の富士浅間神社から五合目佐藤小屋まで歩いて登る人など、この車社会ではごく少数派であろうが、歴史の深い重みはこの「ごく少数派」のみが知る。石像、植樹など江戸時代そのままの「人にやさしい道」とはどういうものかを教えてくれるであろう。東の須走口は古い道なのだが、バスの終点の古御岳神社から上の道は江戸時代も踏跡が一定せず今の登山道を登っても歴史を感じることは少ない。

◉第四一話

復興された須山口登山古道を歩く

最古の登山道の一つである須山口は、宝永噴火（一七〇七）の後の一時的に廃滅した時期はあっても、明治時代の前半まで南口の登山道とも呼ばれ、北の吉田口、南西の村山口とならぶ三つの登山口の一つとして繁栄していた。ところが、明治一六年（一八八三）、新たに開かれた御殿場口登山道は、もとの須山口に二合八勺（次郎坊）のところで合流するように作られた。明治二二年（一八八九）に東海道線の駅として御殿場駅が開業すると、これ以後、交通の便がいい御殿場口登山道に利用者が集中するようになった。「庇《ひさし》を貸して母屋を取られる」のことわざの通りに、御殿場口に繁栄を奪われ、もとの須山口は利用する人は急に少なくなった。ここに掲げた図は、明治三一年（一八九四）発行の五万分の一の図である。この図には旧来の須山口登山道と、一五年前に新たに作られた御殿場口登山道とが共に描かれ、この両登山道が三合目のところで合流している様子を見ることができる。

明治四五年（一九一二）、登山道の下部は陸軍演習地とされて通行できなくなり、須山口登山

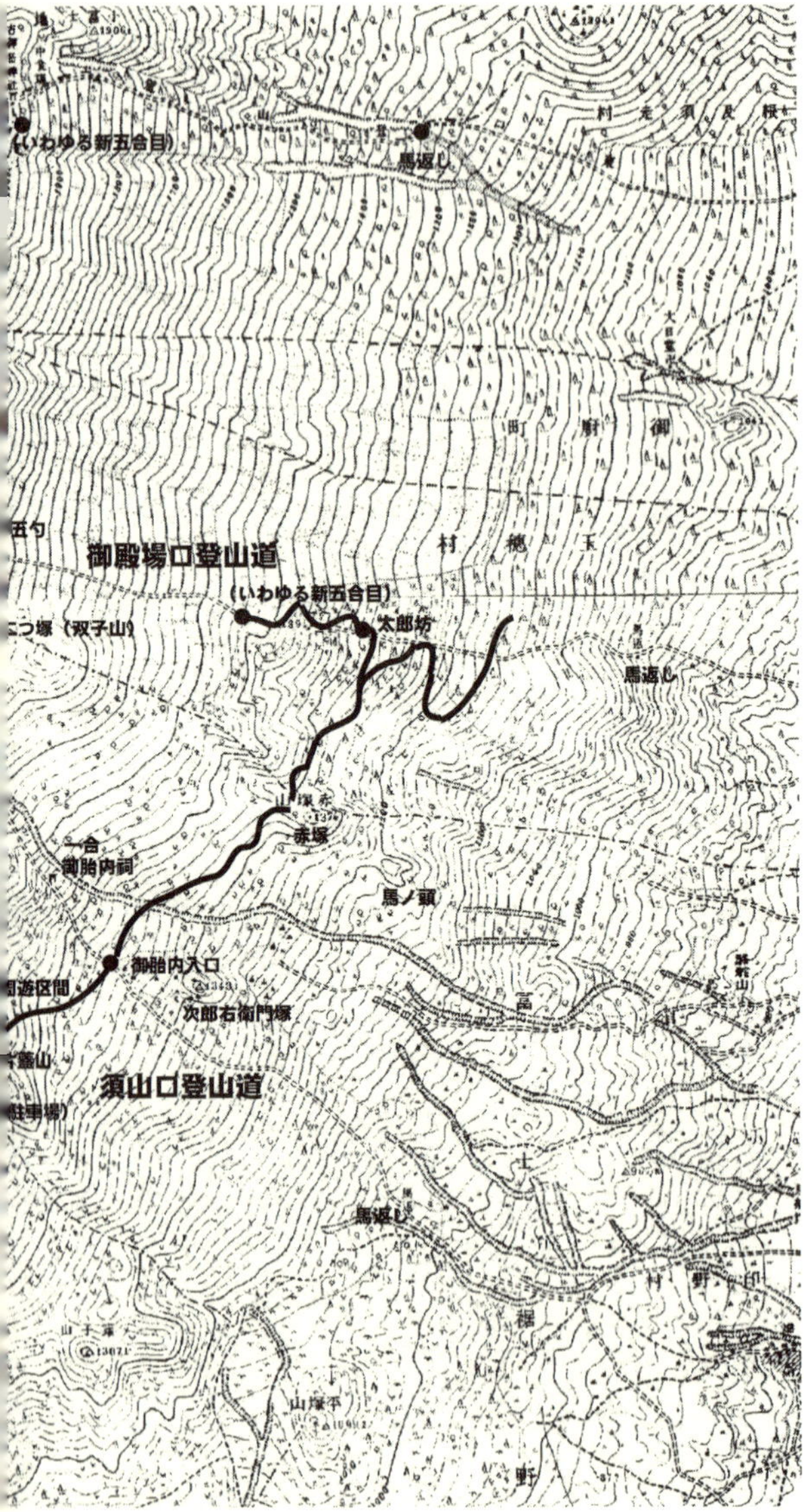
(いわゆる新五合目)
馬返し
御殿場口登山道
(いわゆる新五合目)
太郎坊
つ塚（双子山）
馬返し
赤塚
一合
御胎内祠
馬ノ頭
御胎内入口
次郎右衛門塚
須山口登山道
馬返し

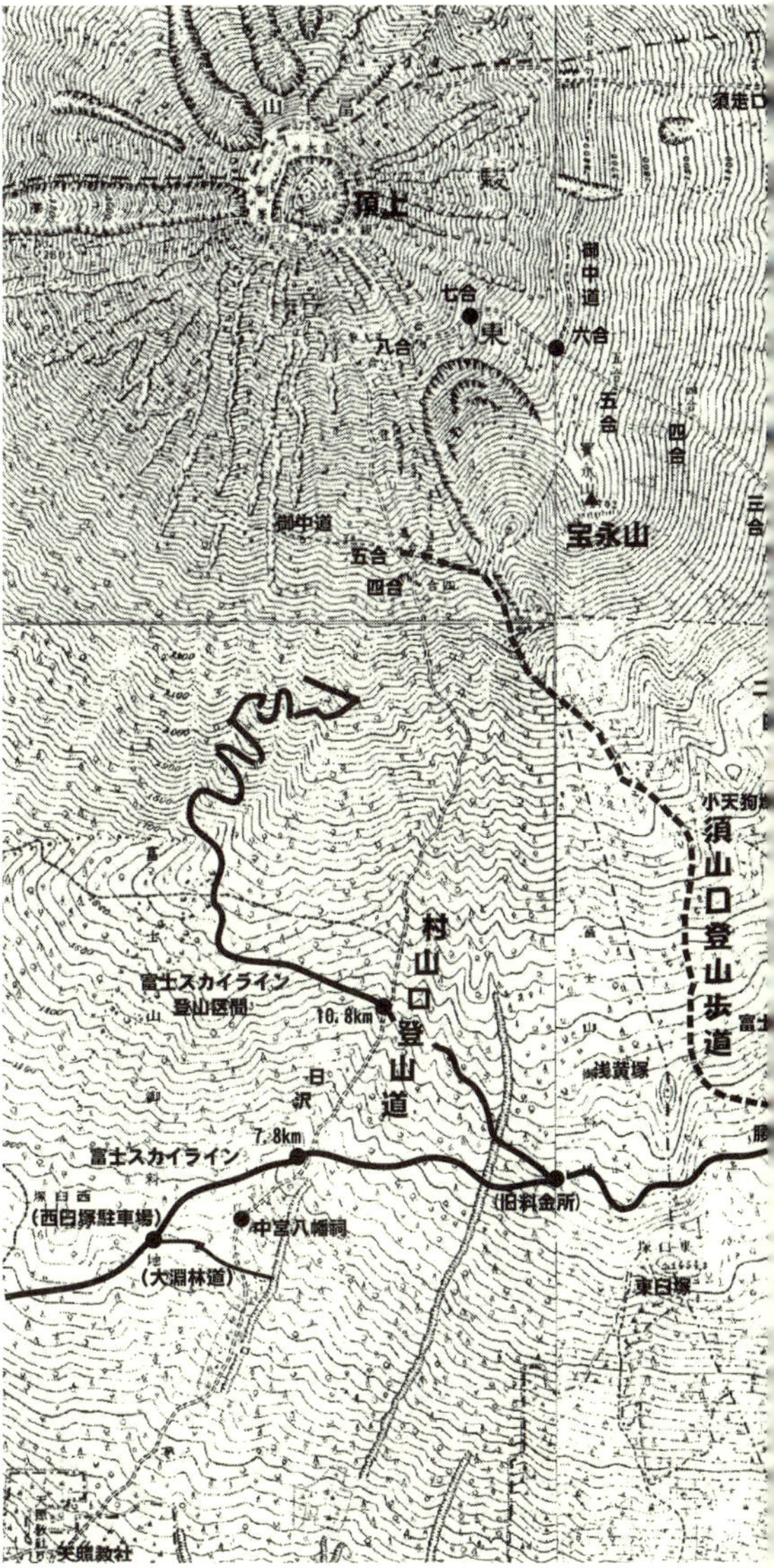

図24　明治三一年（一八九四）陸軍参謀本部発行の五万分の一地形図。太線は現在の富士スカイライン自動車道路。「一合」、「二合」などの合目表記はすべて原図と、現在の二万五千分の一地図の表記に従っている。

道はついに廃道となった。

図には現在の富士スカイラインの自動車道路を太線で書き入れておいた。もちろん、明治三一年にはこの道は無かった。さて、この図には、須山口登山道のルートが正確に描かれている。このルートは昭和三〇年ころに発行された二万五千分の一地図にも、十文字辻、御胎内祠、幕岩などの注記をつけて示されていた。通る人のほとんど無くなった廃道とはなっても、かすかな登山道の痕跡は残っていたのであろう。昭和四〇年ごろ、登山者のガイドブックのシリーズであったブルーガイド・ブックス『富士山・富士五湖』にも、御殿場口・太郎坊一合目から水ケ塚・浅黄塚に行くハイキングコース（現在の富士スカイライン周回区間）の案内文にただ一句「途中・須山口登山道を横断し」とさりげなく表記されていた。明らかにこのガイドブックの著者・渡辺正臣氏は、昭和四〇年ごろ、須山口登山道が「存在すること」は知っていたのである。しかしながら、この道については、これ以外一言の説明も記してはいない。昭和四〇年当時、この須山口はすでに荒廃して容易に通ることが出来ず、登山やハイキングの対象にはならなかったのであろう。

喜ばしいことに、平成六年（一九九四）、この古い歴史のある須山口登山道の復興が道の起点である須山浅間神社を市域に持つ裾野市観光協会を始めとして、須山振興会によって提唱、調査され、その三年後の平成九年（一九九七）六月、「須山口登山歩道」としてついに八五年ぶりに須山口の登山道が復活することになった。そのルートは、須山浅間神社を起点として、忠ちゃん牧場、弁当場、を経て、富士山スカイラインの水ケ塚駐車場（ここを一合目とする）を通り、ここから富士宮口六合目を目指してほぼ直登するものである。水ケ塚駐車場から上のルートは図の太破線で示した。この新しく作られた登山道を「登山歩道」と呼ぶことにして、「須山口登山道」と、古来からの名を踏襲しなかったのは、図からも分かるように、古来の須山口登山道とは全く別ルートであるからである。おそらく、従来の須山口登山道は下部の大部分が現在も自衛隊演習地の中を走っていて、通れないためにやむを得ずこのようなルートとなったのであろう。しかし、須山浅間神社を起点として、一合目から全合目を通過して山頂に至る登山道が八五年ぶりに復興されたのは、大変喜ばしいことである。国土地理院の平成二五年七月の二万五千分の一の「印野」の図にはこのルートが書き入れられ「須山口登山歩道」と明記されている。たいへんうれしいことである。

「須山口登山歩道」の完成の二年後の平成一一年（一九九九）、この登山歩道と平行した別ルートとして「須山口下山歩道」が開かれた。この下山歩道は、須走口登山道の二つ塚（双子山）の上部、旧二合八勺から分岐し、双子山の西側を通って幕岩を通り、御胎内祠をすぎて富士山スカイラインの「御胎内入口」にいたるものである。もうおわかりのように、この「須山口下山歩道」こそは、明治中期に一度廃道となった本来の「須山口登山道」そのものである。富士スカイラインとの交点である御胎内口以下は、自衛隊演習地の敷地内を走っていたため、この部分の復興はならなかったが、それでも深い歴史を負った本来の須山口登山道が一合目・御胎内祠の下約一キロメートルより上の部分が完全に復興したのは快挙といっていいだろう。

筆者は本書の改訂版を執筆するに当たって、二〇一三年八月一四日から一五日にかけて、実際に須山口、村山口の復興部分の歩行調査を行った。一四日朝九時、車で富士山スカイラインを通り、御胎内入口に車を置いて、本来の須山口登山道を登り始め、穏やかな歩きやすい上り坂を約二〇分進んで、一合目御胎内祠に着いた（図25）。

図25で筆者の立つ「旧須山口登山道一合目（須山御胎内）」の標柱と鳥居の間に、溶岩洞窟の穴の入り口が見えるだろうか？　これこそ『駿河国新風土記』のなかで「須山口一合目の御室社の岩窟」と記録されている、そのものであった。この岩窟は一〇メートル程先で地上に出ることができる。新庄道雄が文化七年（一八一〇）六月一七日に通り抜けた岩窟「御胎内」を二〇三年後、筆者自身が通り抜けることとなった。それだけではない。今から約一三〇〇年もの昔の奈良時代に役小角《えんのおづぬ》が通った、その同じ道を通り、同じ場所に憩うこととなった。感慨ひとしおである。

ここからさらに五〇分ほど登山道を登ると、幕岩への下り道が分岐する一合五勺の地点に達する。幕岩へはこの少し登ったところから右に分岐するやや急な下り坂を五分ほど下りることになるが、灰色の肌を見せる巨岩と立ちはだかる幕岩の壁は圧巻である。分岐点に戻って、三分ほど歩くと、幕岩の直上に出てここで沢（谷筋）を渡る。ここは少し道が険《けわ》しいが、ここをすぎると、それまで林の中を通っていた道は、両側に人間の背丈ほどの木がまばらに生えてい

図 25　須山口一合目・須山御胎内祠跡に立つ筆者

る草原のような斜面に出る。草むらが点在するだだっ広い斜面はどこでも歩けるため、どこが正しい道なのかがわかりにくいが、約一〇〇メートルおきに御殿場市が建てた高さ二メートル程の白塗りの標柱が正しい道を教えてくれる。こうして、幕岩分岐から四五分で二合目・四辻《よつじ》に着いた。この先は、標柱をたどって二合八勺の御殿場口合流点に、徒歩約一時間でたどり着く。昭文社の『山と高原地図31　富士山・御坂・愛鷹』(二〇一三年版)では、四辻から二合八勺までは「難路」の記号でルートが示されているが、標柱が完備されているため実際にはだれでも容易に通れる道である。

◉第四二話

復興されたすばらしき富士登山古道・村山道

一度は廃滅した二本の富士登山古道のうち、須山口は「須山口登山歩道」として、また古道部分は「須山口下山歩道」として、平成一一年（一九九九）にほぼ完全に復興されたことは前話で述べた。それでは廃滅したもう一つの登山古道である村山口登山道（以下、村山道とよぶ）はどうであろうか？　村山道もまた、奈良・平安の古代から利用され続けてきた道であった。図26は富士宮市の富士山本宮浅間大社所蔵の『絹本著色富士曼荼羅図《けんぽんちゃくしょくふじまんだらず》』（重要文化財）で、村山口から富士山へ登山する道者たちを表した図である。文化庁のホームページによれば、室町時代（一三三六―一五七三）の作と推定されている。京都方面から来た道者たちは、興津の清見寺《せいけんじ》を通り、富士山本宮浅間大社にお参りをしてここの湧玉池《わくたまいけ》の水を浴びて「水垢離《みずごり》」をする。図に示されている興法寺《こうほうじ》は村山にあった修験の中心地であった。この上に「中宮八幡堂」が描かれており、ここが馬返しとされ、また女性の登山はここまでとされた。このさらに上に御室大日堂があり、ここから毛無《けなし》とよばれる植物のない山域にはいる。「曼荼羅」にはこの先の急斜面に

←登山する道者

←御室大日堂

←中宮八幡堂

←興法寺

←富士山本宮浅間大社湧玉池

←興津・清見寺

図 26　村山道を通って富士山頂を目指す道者たちの姿を描いた『絹本著色富士曼荼羅図』（富士宮市、富士山本宮浅間大社所蔵）

ジグザグに付けられた登山路を道者たちが連なって登っていく様子が描かれている。

さて、この長い歴史をもった村山道が滅ぶ原因となったのは明治三九年（一九〇六）、村山道のすぐ北西側にこれにほぼ並行して六合目で村山道に合流する大宮口登山道が開かれたことである。これ以後、村山道を利用する人は急速に減少した。昭和にはいるころには、この道の大部分は、倒木、笹の草むらに埋もれてしまい、また木材搬出用の木馬道《きうまみち》の縦横の交差などによって、ほとんど辿ることができなくなってしまっていた。年号が平成となって、富士宮市によってこの廃滅した村山道の調査が始められた。この調査結果は富士宮市富士宮郷土資料館から『富士山村山登山道跡調査報告書』（平成五年、一九九三）として公表された。発心《ほっしん》門、札打場《ふだうちば》大ケヤキ、矢立、中宮八幡堂跡、瀧本、笹垢離《ささごり》や等覚入《とうがくにゅう》、普浄など、古記録にある施設の痕跡の発見が報告された。平成一六年（二〇〇四）夏、富士宮市教育委員会の登山道遺跡調査をもとに、この報告書に記された遺跡群を辿るルートの復興が計画された。二〇〇三年から二〇〇四年にかけて、富士山クラブの篠原豊氏、畠堀操八氏などによる雑草の伐採、倒木の切断作業など、懸命の復興事業が行われた。ついに平成一七年（二〇〇五）には、富士山クラブによって、村山道による完全登頂が行われ、ようやく「通れる道」としての復興が成し遂げられたのである。二〇一三年発行の昭文社の『山と高原地図31　富士山　御坂・愛鷹』の登山ガイド地図には難路であることを示す破線記号で、そのルートと主要点間の登山・下山所要時間が記入された。この地図では、富士山スカイライン周回区間道路の七・八キロメートル距離標識（ポスト）のすぐ東側で村山道が交差すると表示されている（前話図24参照）。この表示に従って筆者は、二〇一三年八月一五日、この地点にでかけ、村山道を辿ってみた。スカイラインの道路には、村山道の入り口を示す標識は全くなかったが、七・八キロ距離標識の四〇メートルほど東側で村山道が交差していることをたやすく確認することができた。現在の村山道は、非常に歩きやすい、明瞭なハイキング道になっていた。昭文社の地図によると、この地点から、女性の入山の終点とされた村山道上の重要点・中宮八幡堂まで徒歩一五分となっている。そこで、ここまで村山道を下って入ってみることとした。地図では「難路」の記号で表示されているが実際はきわめて歩きやすい快適な道であった。コケに覆われた岩や倒木を縫って、枯れ葉に覆われた勾配の緩やかな道が林の中を延びている（図27）。富士の登山路によくある、足の裏を痛める岩角もほとんど無い。平成の始めには倒木や雑草でほとんど歩けなかった道をよくここまで快適な道に復興したものだと感心する。

このような道を二〇分ほど下って、日沢を東岸から西岸へ横断する点が少し険《けわ》しかったが、沢の西側の急斜面を上がると突然平地が開けた。ここがあの『富士曼荼羅図』にも鮮やかに描かれた中宮八幡堂の跡であった。堂の跡には平成九年（一九九七）に地元の篤志家によって建てられた石祠が置かれ、平成二二年の札が納められていた（図28）。八幡堂は二つの段からなる境内に置かれていたらしく、前面に延びる参道には二ヶ所の石段があった。図28の筆者の立っている場所の左側に見える背の低い石柱には天保四年（一八三三）の年号が刻まれていた。

図 27　涼しく歩きやすい村山口登山道（中宮八幡堂から富士山スカイライン交点にいたる道）

筆者が今回歩いた村山道の部分は、起点の村山浅間神社から上端の富士宮口登山道六合目の合流点までの全体から見れば、ほんの一部であったが、それでも現在の村山道は「難路」ではなく、きわめて歩きやすく、迷うこともない快適な登山道になっている。ただし上部でやや倒木が道にあって、その上や下を越えなくてはならない場所があるという。いずれ機会を得て、村山道全体を歩いてみたいものである。

富士登山に関するガイドブックは何種類も出ているが、この村山道によって登頂するコースの全体の説明を載せるガイドブックは今のところ無いようである。富士山が世界遺産に登録され、人気の北口、スバルライン終点の吉田口五合目から山頂を目指す人は、一年間に数十万人もいるそうだが、その一〇〇〇分の一でもいい。歴史の重みと、林の中を通る快適さ、路面にごつごつした岩角の飛び出ていない歩きやすさなど、いくつもの長所を兼ね備えたすばらしい現在の村山道がもっと多くの人が訪れ、親しまれる登山道となればいいのにと思う。

図 28　村山道登山道・中宮八幡堂跡

◉第四三話

合目のインフレ

須走口のバス終点の古御岳神社のところは、今は「新五合目」などという停留所名になっているが、明治の地図では一合目である。また、この約一キロメートル上方、高度差で約四〇〇メートル上方の下り砂走り終点の砂払い所は、三合目とされていた。さらに、今は小屋の残骸だけが残るお中道交点は旧来五合目であったが今は六合目とされている。そして、旧来の六合目が今の七合、もとの七合は「本七合」と呼ばれている。これでわかるとおり、七合目以下はみな合目のインフレをしているわけである。

御殿場口はもっとひどい。もともとこの道は明治一三年（一八八〇）に従来の須山口の付け替えとして新たに開かれた道であるが、それでも昭和五二年（一九七七）までの九七年間安定して合目の呼称がなされてきた（昭和五二年版「富士山と富士五湖　ブルーガイドブックス118」による）。そしてなにより、三合目以上は江戸時代の須山口の合目に一致させて、伝統的呼称を保存してきたはずである。それにしたがって、太郎坊一合のすぐ上、バス終点を新二合目と呼んだのはまあ妥当な呼び名であったのである。なのに今はそこを「新五合目」と呼ぶことにされてしまった。

もともと、合目は距離を等分したものでもなければ、高度差を等分したものでもなく、宗教的な伝統に由来する。だからといって、いや、で、あればこそ、後世の勝手な都合でみだりにやすやすと替えることは慎むべきことではないだろうか。従来の合目にしたがうとき、ある合目からつぎの合目までは、ほとんど例外なく四〇分から五〇分の登り歩行時間を要する距離になっている。これは無理なく登山するときの休憩の間隔にほぼ適合したものだ。先人の貴重な知恵の産物というべきであろう。

これに対して、今の呼称にしたがってみよう。御殿場口新五合目から新六合目までじつに二時間四〇分を要する。あたりまえだよ、旧名称での一合目（のすこし上）から五合目まで歩いているんだもん。須走口だって新五合目からお中道交点の本六合まで登り二時間、これも旧来の一合目（のすこし上）から五合目まで歩いたのである。ちなみに、御殿場口、須走口とも八合目と九合目は旧来と同じ場所であるため、八合目から九合目までは四〇分、九合から頂上までは三〇分で、合理的な休憩ピッチの間隔にある。

なぜ、須走口古御岳（一合目）、御殿場口新二合目を新五合目にしたんだろう。

一、単純に「バスの終点を全部（新）五合目と呼んじゃえ」とばかりエイッと決めた。他意はない、ない。

二、「バスはこんなにも働いてるんだぞ」と登山者に自慢したいので。「二合目まで運びました」じゃ自慢できない。登山者の乗客に「五合目まで運んであげたんですよ。（すこし運賃の高いのは我慢しなさい)」と言いたかった。

三、河口湖口は五合目までバスで行ける。それなのに御殿場口は新二合目までしか行けない。これじゃ楽したがりの都会の衆は御殿場口へは来てくれないべ。ほいじゃ名前を「新五合目」にしちゃうべ。ほしたら、事情をよく知らない都会の衆はダマされてこっちから登るやつもあるべ。

三、だとは信じたくねえ。御殿場の人はそんな一部の悪徳不動産屋の人たちみたいな心の人じゃねえ。「サギ行為」のことをこのギョウカイでは「夢を売るビジネス」という。御殿場の人はけっしてそんなじゃねえ。ボクだって言っていいこととわるいことの区別はしってるだ。

ボクは一、だと思ってる。

けんど、決めたのがバス会社の人であるにしろ、地元の観光の仕事をしている人にしろ、やっぱりそれは間違ってるよ。合目の呼び名を替えるときだれも反対しなかったのけ? 御先祖様、親父様、よそから来てくれるお客様、そしてむじゃきな子供たちの目の前で、うしろめたさはぜんぜん感じなかっただか? もういっぺん考え直してけれや。

沓掛時次郎《くつかけときじろう》が「中軽井沢時次郎」になったって、追分節が「西軽井沢節」になったって、「ビルマの竪琴」が「ミャンマーの竪琴」になったって、おらがまんする。けんど、合目のインフレはがまんできねー。新庄道雄先生、中谷顧山先生、小堀遠州先生のような、郷土の誇り、いや日本の誇りと富士を愛した偉い先生がたの前で、こんなことしてすまねーとは思わねーのかようー。

改訂版追記：須山口下山道二合目四辻（標高一八一〇メートル）から御殿場口へ直接下りる道がある。標高を三七〇メートル下って標高一四四〇メートルのところが「新五合目」と呼ばれている。こんな矛盾した合目の呼び名でいいのか？

筆者がこの付近を登山した日、偶然御殿場市役所の一行と出合った。本来の御殿場口一合目のすこし上バス終点を「新五合目」と理不尽な名称変更したのは自動車道路の管理者であるという。ただムゾウサに深く考えることもなく自動車道路の終点を一律に「新五合目」としたのだと言う。歴史をふみにじり、登山者に混乱をもたらした犯人は道路管理者だった。国土地理院の二万五千分の一地図は御殿場口登山道に歴史的に正しく標高一九一五メートルの所に「二合五勺」、二〇二五メートルの須山口合流点に「二合八勺」、二三四〇メートルに「四合」、二六〇〇メートルに「五合」と表記しており、バス終点には「新五合目」とは断固として表記していない。国土地理院（つくば市）はあくまで歴史的名称を乱す「新五合目」の表記をしていないのである。この頑固《がんこ》さは貴重だ。

◉第四四話

『修訂駿河国新風土記』の証言

江戸時代の後期に駿河の国の詳細な地誌を書いた人がいる。『修訂駿河国新風土記』を著した新庄道雄がその人である。天保六年（一八三五）に新庄道雄が死んだため、この「新風土記」は未完の書となる。全二五巻。そのうち第二三巻、二四巻の二巻が富士山の説明に当てられている。その第二三巻の冒頭では、古代の噴火史について、七八一年、八〇〇―八〇二年、八六四年、九三七年、一〇三三年、一〇八三年に噴火のあったことを述べている。また、新庄道雄自身は文化五年（一八一〇）六月一五日と同九年七月に富士に登った、と書かれている。

富士の頂上の内部のようすについて、彼は興味深いこととして、つぎのような文を載せている。

「己れ（＝新庄道雄）若かりし時の友に、高東庵混元といひし狂歌師ありしが此人須走村の産にて年若きころは剛力《ごうりき》といふものになりて此山に登ることを世渡りとせしとて其人の話に、此八葉内院のうち登山の諸人賽銭をなげ入ることおびただし。昔此中に入て賽銭をとりあげて多くの銭を得たりと云ふ事を聞伝て同志の若者二人内院に入しことあり。内院へ入る事十町ばかりにて一面のやけ砂にて今に火ありて其のあつさたえがたし。草鞋《わらじ》を三足かさねてはきて、やうやくそこを過て弐三丁行けば火はなし。（中略）常に気蒸出有りとは今は遠より望みては見えざれども内院よりけむりの立のぼることたえずと云ふ。昔は然りしならん。（都良香の「富士山記」の）『窺其甑底如湯沸騰』とは今に箱根山の葦の湯の地岳など云所然る様なり。ここも昔は其さまの如なりしならん」。この文章は文政一三年（一八三〇）に書いたと注記してある。この文を現代語に訳すとつぎのようになるであろう。

この書物の著者新庄道雄が若かったころ、須走生まれの高東庵混元という狂歌師からこういう話を聞いた。その狂歌師の若かったころ強力《ごうりき》（山での荷物の運搬や登山の案内をするのを職業とする人）をしていたが、富士山頂の火口の内院のなかに投げ入れられた賽銭を取ろうと仲間の若者二人が内院に降りたことがあった。降り立って一〇町（約一キロメートル）ほど歩いたところで地熱の強いところに出て、わらじを三重にはいてもまだ熱いほどであった。そこからさらに二〇〇―三〇〇メートル進むと、地熱はなくなった。そのころ、遠方からは噴煙の立ちのぼるのは見えなかったが、火口の内院のなかは常時湯気が立ちのぼっていて、ちょうど箱根の「地獄」のようであった、というのである。

ここで語られている強力仲間の若者二人が内院探検に降り立った年代を推定してみよう。新庄道雄は安永五年（一七七六）二月一日に駿府（現静岡市）江川町の生まれ。伝記によると、彼自身狂歌に興味をもっていた時期があって、寛政八年（一七九六）、二一歳のとき江戸の狂歌師北川嘉兵衛真顔の門人となり、文化三年に狂歌千首を詠んで狂歌判者の免許を得たという。したがって自分が若かったころで須走の狂歌師と話をした時期、というのは一七九六―一八〇六年のあいだとみて大過あるまい。

そのとき話をしてくれた狂歌師の若いころの実話、というのであるから、これよりさらに二〇年ほど前の話とすると、上の火口内のようすは一七八〇年前後の話ということになろう。すなわち、一七八〇年のころ、頂上火口の内院のなかには強い地熱を発する場所があった。そのころそこには湯気を発する場所もあった。しかし、その湯気は、遠方から噴煙として観測されるほどのものではなかったのである。

なお『箱根町史』の第三巻の年表に「甲州渡辺氏記録」の引用として「寛政四年六月二十九日富士山噴火」とポツンと記してある。文献の原記事を見る機会を得ないため判断を控えたいが、「野史」、甲府の「坂田家日記」その他によると、この日の午前九時ごろ、甲府から江戸にかけてやや強い地震があり、富士山で落石を生じて登山者のなかに二〇名ほどの死者を生じている。この記事はとても噴火と結び付けて理解することはできない。「甲州渡辺氏記録」の原文を見たい。しかし、この「甲州渡辺氏記録」なる文書は山梨県の郷土史の専門家でも、聞いてすぐ「あれだ」とわかるような著名な文書ではなく、今のところ原文にさかのぼって調査することができずにいる。「甲州坂田氏」や「甲州保坂氏」なら郷土史家にはすぐ「あれだ」とわかるんだそうだ。しかし「甲州渡辺氏」ではどの渡辺氏か特定できないという（山梨県立図書館の回答）。したがって、いまは『箱根町史』のこの記事を鵜呑みに信ずることはせず、判断を保留せざるをえない。追検証できないのはつらいことである。

◉第四五話

一九世紀前半の富士および山頂以外の噴煙

江戸時代も終盤にはいった一九世紀の富士を見ておこう。中央火口（内院）のようすについては、まず、甲斐国の松平定能が文化一一年（一八一四）一一月に『甲斐国志』を著している。彼は、富士山頂上の中央火口を実見しており、古代の都良香が「富士山記」で述べていた頂上の神池に言及している。そして「神池今存せず」と記している。しかし、噴煙も地熱も記載はなくこれだけでは、火山としての活動は断定できない。

おなじ甲斐国の江湖浪人月所は文化一三年（一八一六）に『隔掻録』（甲斐双書七に所収）のなかで、頂上火口について、「ここより忽《たちまち》雲を生じ、忽風を生ず」と述べている。水分を含んだ湯気または雲のような熱気が噴出するさまを示す文と解することができるが、気象的な現象を述べただけとも理解することができ、噴気の存在を示す史料と断定することはできない。

羽倉用九は文政一〇年（一八二七）に『不尽岳志』で、頂上火口について、「内沙熱常見煙、蓋《けだし》有火気也」と書いており、やはり頂上に立って火口を見れば、つねに噴煙が立ちのぼっているようすが見られたことを証言している。そしてこの記事が「最後の頂上火口の噴煙記事」なのである。つまり万葉集の時代以来、途中何度もの中断をはさみながらも連綿とつづいてきた富士頂上の噴煙記事は一八二七年をもって最後となるのである。

たとえば、英湖斎泰朝の手によって弘化四年（一八四七）に書かれ、嘉永元年（一八四八）に長島庄次郎泰行によって増補・刊行された『富士山真景之図』は富士山頂の風景図を含む詳細な説明がなされているが、噴煙は図にも文にもまったく描かれてはいない。

江戸時代における頂上火口以外の火山活動の痕跡はどうであろうか。まず北斜面吉田口の六合目の鎌岩付近の火山活動として、上述の『隔掻録』に「今も時々煙立つことあり、火気伏したるにや」とある。つまり、鎌岩付近に噴煙があり、地面の中に地熱を含んだ場所があるのであろう、と推定している。鎌岩付近の噴火活動については、河口湖町木立の妙法寺の「妙法寺旧記」という年表風の記録の永正八年（一五一一）の項目に「鎌岩燃ゆ」の記載がある。この場所の火山活動が、活動の程度は山頂よりも相当微弱で低頻度ながら、江戸時代の後期までつづいているのである。

◉第四六話

安政東海地震のその日

静岡県の平野部に大きな被害をもたらした安政東海地震（M八・四）は、幕末の嘉永七年一一月四日（一八五四年一二月二三日）の午前九時ごろ、紀伊半島西南海域から遠州沖、そして駿河湾の西半分を震源域としておきた。嘉永七年におきたのに「安政」とよばれるのは、この年の一二月に年号が安政に改められたからである。

この地震は静岡県と山梨県に、明応七年（一四九八）の東海地震（M八・六）以来最大の被害をもたらした。沼津市、三島市、蒲原町、静岡市清水、牧之原市相良町、袋井市、掛川市、磐田市掛塚、それに山梨県刑沢《ばらざわ》（現、南アルプス市）、下市之瀬などでは確実に震度七であった、と推測される。震度七とは、木造家屋の倒壊率が三〇パーセントをこえる地震の揺れの強さで、大正関東大震災（一九二三年）の神奈川県平野部で生じた震度である。地震にともなって、大規模な火災が、沼津、清水、掛川、袋井などで生じた。

富士川南岸に位置する芝川町の白鳥山は一七〇七年の宝永地震のときにも斜面崩壊をおこし

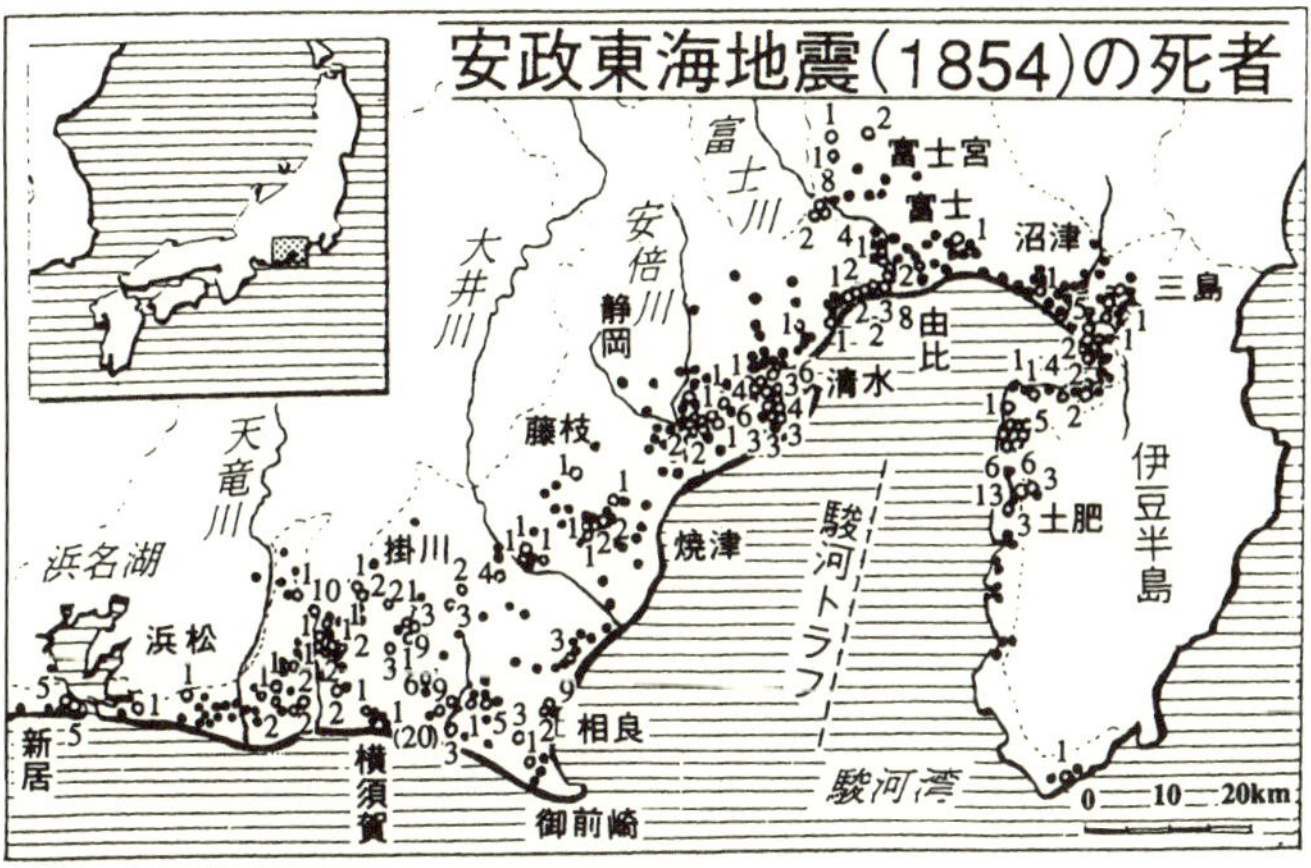

図 29 安政東海地震（1854 年）の死者

点線は調査範囲。●はこの当時の過去帳があり、しかも檀家の中に死者なしの寺院。○は死者ありの寺院の数字で死者数。カッコ付きの数字は古文書記載によって知られる死者数。

て死者を生じたが、安政東海地震にも東側斜面が崩れ*、富士川の水流を一時的に遮断した。

伊豆の内陸部は地震の被害は少なかったが、沿岸では軒並み津波の大きな被害を生じた。下田では津波によって、八四〇軒流失、三〇軒半壊、無事はわずか四軒で、総人口三八五一人のうち一二二人もの死者を出した。下田での津波の高さは六メートル前後であった（羽鳥、一九七七）。戸田村（現、沼津市戸田《へだ》）で郷土史を研究しておられる斎藤弘氏と、同村の伝承や寺院の過去帳から地震津波の調査をしたことがある。その結果、戸田は伊豆では下田に次ぐ被害地であって、当時の家数五九三軒で流失家屋二四軒、潰家八一軒、大破三三軒を出し、三〇人の死者を出している。

この地震の原因となった断層滑り面の北端は、駿河湾の奥部から富士川流域の陸上部におよんでいる。そのため、遠州相良港は約三尺あまり（約一メートル）隆起し、また清水市の貝島、折戸の海岸が隆起して新たに陸地が生じた。富士川河口付近に「岩淵地震山」「松岡地震山」とよばれる二つの西側上がりの段差を生じたことが知られており、地下の断層の滑り面が陸上にもおよんでいたことが実証されている。この地変のあと富士川の下流部は流路が東側に移動した。

この地震による静岡県下の死者の分布を調査するため、三〇年ほど前、伊豆半島中央部と東部をのぞく地域にある寺院の過去帳に記された地震当日の死者数のアンケートを実施したことがある。その結果を図に示す。さきに宝永地震の結果を示したが、それと比較して、平野部の死者の密度が安政地震のほうが圧倒的に大きいこと、ことに伊豆半島海岸と、三島、沼津、富士川下流域の蒲原、富士川町の地域では宝永地震のときには死者は皆無であったのに、安政地震では多くの死者を生じていることを指摘することができる。

さらに、富士川下流域で、富士川の西岸にあたる蒲原で死者が多かったのにくらべて東岸にあたる富士市吉原の地域では、死者がほとんど出ていないことに注意。富士川の流路に沿って走る富士川断層は西側の蒲原側の地下を走っている。このようなとき西側は「上盤側」にあるというが、被害は上盤側で大きく現れ、下盤にあたる東側は震源から近かったにもかかわらず被害は小さくすんだのである。「断層面の上盤にあたる地表では地震被害が大きくなる」という法則を覚えてください。安政東海地震のことはくわしく書けばそれだけで一冊の本になってしまうほど多くの記録が残っているけれど、今は全体像をほんのちょっぴり述べるにとどめて、次項ではこの地震と富士の火山活動の関係について述べよう。

＊――大庭正八氏のご教示による。

◉第四七話

安政東海地震と富士の火山活動

安政東海地震は駿河国、甲斐国にとって江戸時代最大の被害を生じた大地震であった。周期説がいわれる東海地震の、一つ前の地震は一七〇七年の宝永地震である。宝永地震の直後には富士がはなばなしい大噴火をおこした。しかし、東海地方での地震被害がこれを上まわった、一八五四年の安政東海地震の直後には富士山はこのようにははなばなしい火山爆発はしなかった。これは、火山研究者のみならず広く一般の常識になっている。しかし……、まあ、聞いてくださいみなの衆。

当時、駿府（静岡市）士太夫町の町頭をしていた萩原四郎兵衛という人がいた。安政東海地震の直後、駿府では、困窮者のための粥の炊出しが行われた。彼はそのようすとともに、町で見聞きしたことを「大地震御救粥並町方施米差出、其外諸向地震に付聞書一件・駿府士太夫町町頭、萩原四郎兵衛筆記」（原本は静岡県立図書館所蔵の「静岡市史編纂材料」のなかに合綴されている）という長い名前の文献に記述している。地震直後の駿府のようすが数多くの項目にわたって列挙してあるなかに、富士山に関してつぎのような記事が現れる。

一、十一月四日朝、本町一町目鯛屋半右衛門殿富士山見候処、真黒之笠御山上へ冠り候由之事（安政東海地震の本震は午前九―一〇時ごろであって、この事実との前後関係は不明）

一、同日、富士郡之人不二山を見受け候処、牛程成者羽根これ有るが数多舞歩行候由之事

一、廿一日頃、宝永山より真黒の煙立上候由之事

一、四日、富士山八合目へ火多数見へ候由之事

ここに書かれた地震当日の四日の朝、静岡市で富士山にみられたという「真っ黒な笠」「羽根の生えた牛ほどの大きさの舞っているもの」、あるいは「八合目付近に多数見えた火」とはなんだろうか。「笠は気象現象で説明がつくさ」「牛ほどの大きさのものは地震動で転がり出した雪や岩の塊だろう」という反論はありうるであろう。しかし「八合目の火」とはなんだろう。「何かの見間違い」、あるいは「〜の由」という伝聞体であって、萩原四郎兵衛自身の直接の見聞でないので、デマをそのまま書いた可能性がある、という見解で処理（無視）してしまってよいのだろうか。素直に何か小規模な火山活動が起きたと理解する可能性はないのだろうか。さらに、本震の一七日後の一一月二一日に宝永山にみられた「真っ黒の煙」はなんであろう。「やはり気象現象さ」で、片づけてよいのだろうか。

もうひとつ文献を紹介しよう。「袖日記」は現在の富士宮市の富士山本宮浅間大社の門前で

焼酎や酒糟を商っていた商人の日記で、横関氏の所蔵文書である。現在は富士宮市民会館に保管されている。本震の五〇日後の一二月二五日の項目につぎの記事がある。

この頃富士山の雪解る事、二、三月頃の山の如し、山気陽精籠り居る哉と人々怪しむ風説多し。

ここにいう「二、三月頃」というのは、もちろん旧暦である。太陽暦では、現在の暦の四月ころということになる。この記事のある一二月二五日は太陽暦では一八五五年の二月一二日であって、まさにもっとも寒い季節にあたっている。そのような厳寒の季節であるのに、富士山の山肌の雪は四月のころの雪の半分解けて薄くなった季節のようだ、というのである。「人々怪しむ風説多し」とあるから、この異変は多くの人々に気づかれていた。富士山の山体の内部に熱気がこもっているのではないか、とこの当時の人々も怪しんだ、というのである。山体の火山活動の活発化にともなって、斜面に積もった雪が解けて薄くなったという例は現在でも世界中に実例がある。以上の記録によれば、富士山は安政東海地震のあと、「噴火しそうになって、(なぜか)止めた」のではないだろうか。富士の火山活動と東海地震とは、これまで考えられていたより緊密に関連しあっていた、とみられる。

◉第四八話

荒巻の地熱——前編

今（一九九一年）、富士山はまったく火山としての活動を停止している。はでな火山活動や、静かな噴煙はおろか、地熱の兆候もどこにも見いだすことができない。富士は現在、ほとんど完全に眠った「休火山」である。それでは、このように「完全に火山としての兆候が見られなくなった富士の姿」というのは、江戸後期以後今日にいたるまでずーっとそうなのであろうか。じつはそうじゃないのだ。

『富士山・富士五湖』（ブルーガイドブックス・一二、一九八八年版）の富士山頂火口の周囲をめぐる「お鉢まわり」の案内に「書いてあるのだ」。なにが？　富士の頂上に地熱地帯が、ごく最近まであったことを。

富士頂上を上から見て、火口をとりかこむ「お鉢」の外輪の峰を時計の文字盤と見立てると、その東南にあたる四時方向に「荒巻」とよばれる場所がある。お鉢の上の小さなピークである「伊豆岳」と「成就岳」の鞍部である。今はまったく地熱による熱気など感じられない。一九八二年とその後の測定では、まったく気温と変わらず、熱気は痕跡すらとどめてはいない。

けれど、ブルーガイドには「今でもわずかに熱気があって、腰を降ろすと暖かい」という渡辺正臣氏の記述がある。ここにいう「今」とは、渡辺氏がこの本の文を書きはじめた昭和三八年（一九六三）のころをいうのであろう。一九八八年版の「あとがき」に「私が富士山に関することを書き始めてからもう二五年は過ぎた」とある。さらに「戦前には蒸気を吹き上げていた」と書かれている。これらの記述は、第二次世界大戦前には荒巻地点は熱い噴気の噴出をともなう地熱地帯であったこと、そしてそこでは昭和三八年のころまで、火山としての活動の残影があったことを示している。

この荒巻の地熱は、太古から存在したのであろうか？　それとも比較的新しい時代に現れたのであろうか？

富士測候所の報告書には、昭和二九年ころ、この地点で熱気があって、その温度は五〇度であったという記事が載っている。

戦前の昭和一四年七月に昭和書房から刊行された『富士と其付近の山々』（春日俊吉著）のなかに頂上のお鉢まわりの説明文があり、伊豆岳から成就岳、東安河原のコースの説明中に、「途中に噴気孔があつて、ナマ玉子がゆだるといふ場所だ」と説明されている。温度は五〇度をこえていたとみられる。

昭和三年（一九二八）に石原初太郎の著した『富士の地理と地質』には、温度計によって噴気の温度が測定されたと記されており、「最高八〇度。七〇・三度、六八・三度のところもあり」と書かれている。時代がさかのぼるにつれて、温度も高かったことが読み取れる。

大正一四年（一九二五）に山梨県から発行された『富士の自然界』は、単なる富士登山の案内書ではなく、富士の歴史、地質、動物・植物など広く富士を取り巻く自然界の事実を載せ、博物誌としての性格をもっている。頂上のお鉢の荒巻の説明には、「成就岳の東側、砂間のここかしこから湯気がたつ。寒暖計を突つ込めば摂氏八十度位の熱さのものもある。鶏卵などは須臾《しゆゆ》にして（たちまちのうちに）煮ゆる。ここを荒巻といふ。富士山唯一の地熱所在地である」と書かれている。この時点では熱気は水分を含んでおり、「湯気がたつ」と表現されている。大正時代には昭和初期よりもなおいっそう地熱の勢力がさかんであったことを示している。「湯気がたつ」とは規模の大小はあっても火山の噴煙そのものである。遠方からは見えないほどささやかではあっても、富士の山頂は大正時代まで、たしかに噴煙をあげていた、といいうるのである。

大宮市東大宮にお住まいの神田四郎氏から荒巻の地熱に関するお手紙をいただいた。同氏は明治三三年（一九〇〇）生まれで大正八年（一九一九）に富士に登頂しておられ、「頂上では玉子をゆでて売っており、ところにより熱気があった」ということである。

明治時代の文献にもこの地熱は記されている。明治三四年（一九〇一）に刊行された『富士案内』は野中至の著である、そのなかの一節、「頂上の案内」の荒巻に関する文はつぎのとおりである。

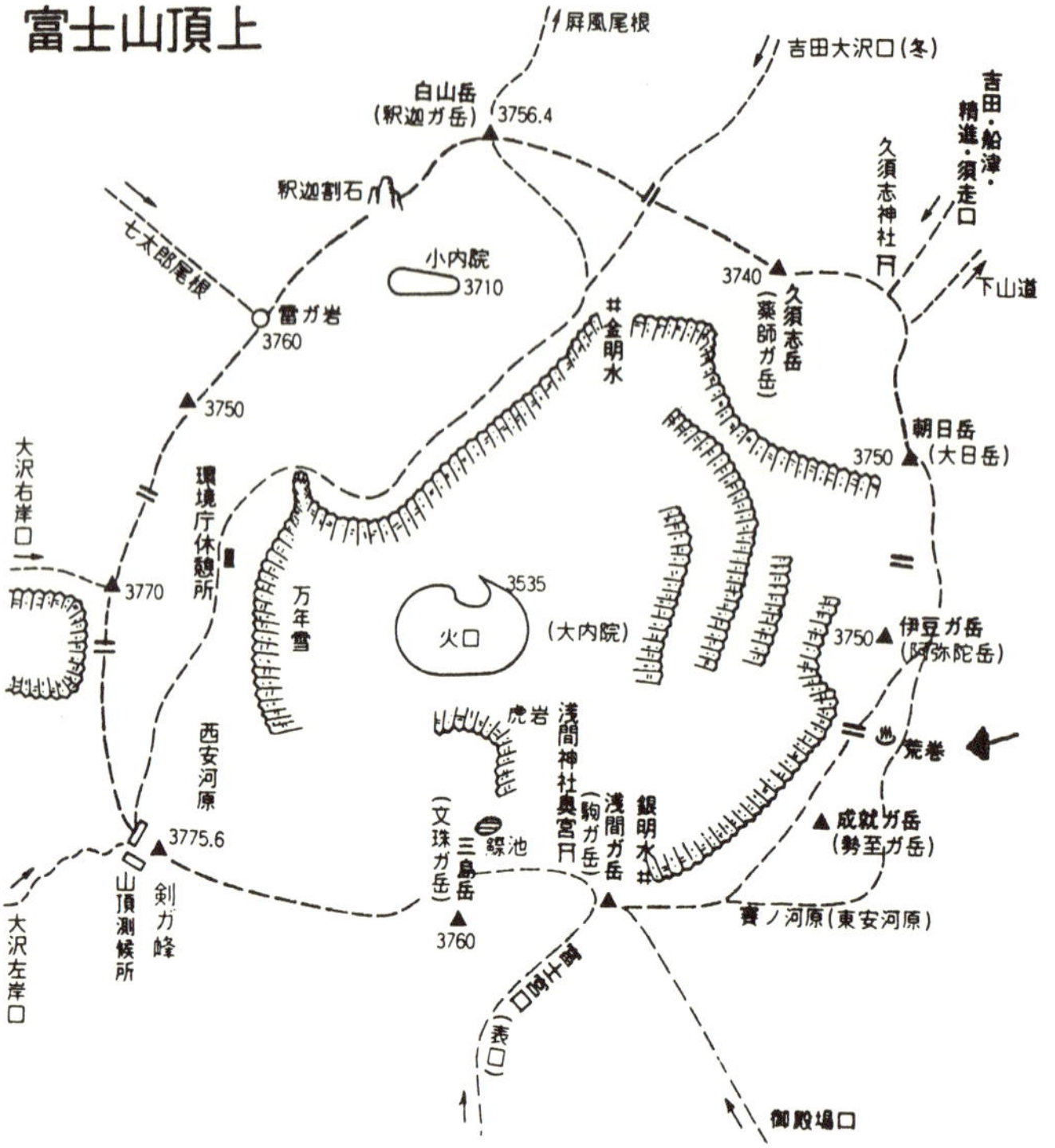

図30　富士山頂上（ブルーガイドブック12『富士山・富士五湖』実業之日本社刊より）
大きな矢印のところに温泉の印があり「荒巻」と注記されている。

伊豆岳の中腹をめぐる。この辺より地中に熱気を含めり。やがて荒巻と称する欠間《かけま》に下り、普通の道を行かずして、直ちに成就岳の頂に登り、手を地中に入るれば熱気の有無を知ることを得べし。この地熱は三十分時にして鶏卵を熟しまた酒を温むることを得。この傍らは、すなはち余が新たに計画せる富士観象台建設地なり。……成就岳の頂に至り噴火の余熱蒸々たる地（温谷と称す）に座を占め腰部を温む。

この文章を書いた野中至は、はじめて富士山頂での通年気象観測をした人物として知られている。彼がこの文章を書いたときには、まだ成就岳での富士観象台は計画中であった。末永純一郎は明治三一年に登頂したときこの観象台が完成したのを見ており、「富岳遊草・登記」（静岡県立図書館蔵）に記録している。したがって、『富士案内』の刊行年は明治三四年でも、この文章を書いたのは、明治二九年か、三〇年のころであろう。さらに前述の『富士の地理と地質』には、明治三〇年の噴気の温度は八二度であった、と記されている。昭和初期、および大正時代に八〇度であったのにくらべて、わずかながらより高温であったことになる。さらに大正年間には熱気のあった場所は、成就岳と伊豆岳の鞍部だけであったのに、明治中期には成就岳頂上から伊豆岳中腹にまでひろがっていたのである。

◉第四九話

荒巻の地熱――後編

富士山頂の火口をとりまく「お鉢」の外輪の東南部分にあたる、成就岳・伊豆岳の鞍部「荒巻」の地熱は、昭和三八年（一九六三）ころまでみられ、時代をさかのぼるにつれて温度も高く、地熱を発する場所も広く、大正、明治中期には水蒸気を含んだ八〇度以上の噴気を発していた。この地熱地帯はいつ発生したのだろうか。

明治初期の文献を見てみよう。『富士山頂ひとりあんない』は、もと愛媛県の士族である木野戸勝隆が明治一三年（一八八〇）五月に完成した活字本である。版元は浅間神社となっている。山梨県立図書館に一冊所蔵されている。荒巻の地熱について、つぎのような説明文がつけられている。

伊豆岳とこの岳（成就岳）との下なる路辺より絶へず蒸発気《ゆげ》の噴出《ふきいづ》る所あり。其処《そこ》の沙石を少し掻除《かきの》けて腰を温むれば、疝気《せんき》などに奇効あり。御社また休室に詰居る者は、夕方よりここに集《つど》いて、足腰を温め、物語などして徒然《つれづれ》を慰め、火を用ひずして酒を暖め、饅頭をあぶりつつ、日の没《い》るままに眼下の雲、裾野の里より海原へかけて、神山《おやま》の影のうつりゆくを観《み》るは、亦山上の楽《たのしみ》なり。

荒巻の地熱地帯は登山者たちへ絶好のいこいの場を提供していた。原本にはこの文章とともに、「頂上裏半面図」が添えられていて、成就岳から荒巻にかけての道の両側のやや広い範囲にわたって蒸気が噴出しているようすが描かれている。

さて、いままで、荒巻の地熱を昭和から大正、明治とさかのぼって変遷を述べてきた。そして現在は地熱のまったくなくなった荒巻では、古い時代ほど高温で活発な地熱と噴気があったことが判明した。大正、明治のころは小規模ながら頂上に噴煙あり、といってもよいほどにさかんに高温の噴気が出ていた。それでは、明治をさかのぼる江戸時代にもさぞやこの荒巻の地熱地帯の記事が豊富にあるのではないか、と思うと「さにあらず」である。つまり、江戸時代にさかのぼると、荒巻の地熱の記事がパタッとなくなるのである。富士山頂の荒巻地点に関する記録が乏しいわけではない。ほんとうに江戸時代には荒巻の地熱地帯がなかったらしいのである。

江戸時代には伊豆岳は観音ヶ岳とよばれ、荒巻は勢至ヶ窪とよばれていた。明治初年の廃仏棄釈運動のとき仏教くさい名前が嫌われて改名されたのである。江戸時代の文献で頂上の状況の記載があり、しかも「勢至ヶ窪」について言及するものをあげてみよう。

まず享保一八年（一七三三）の中谷顧山の『富岳之記』、勢至ヶ窪に言及しているが噴気や地

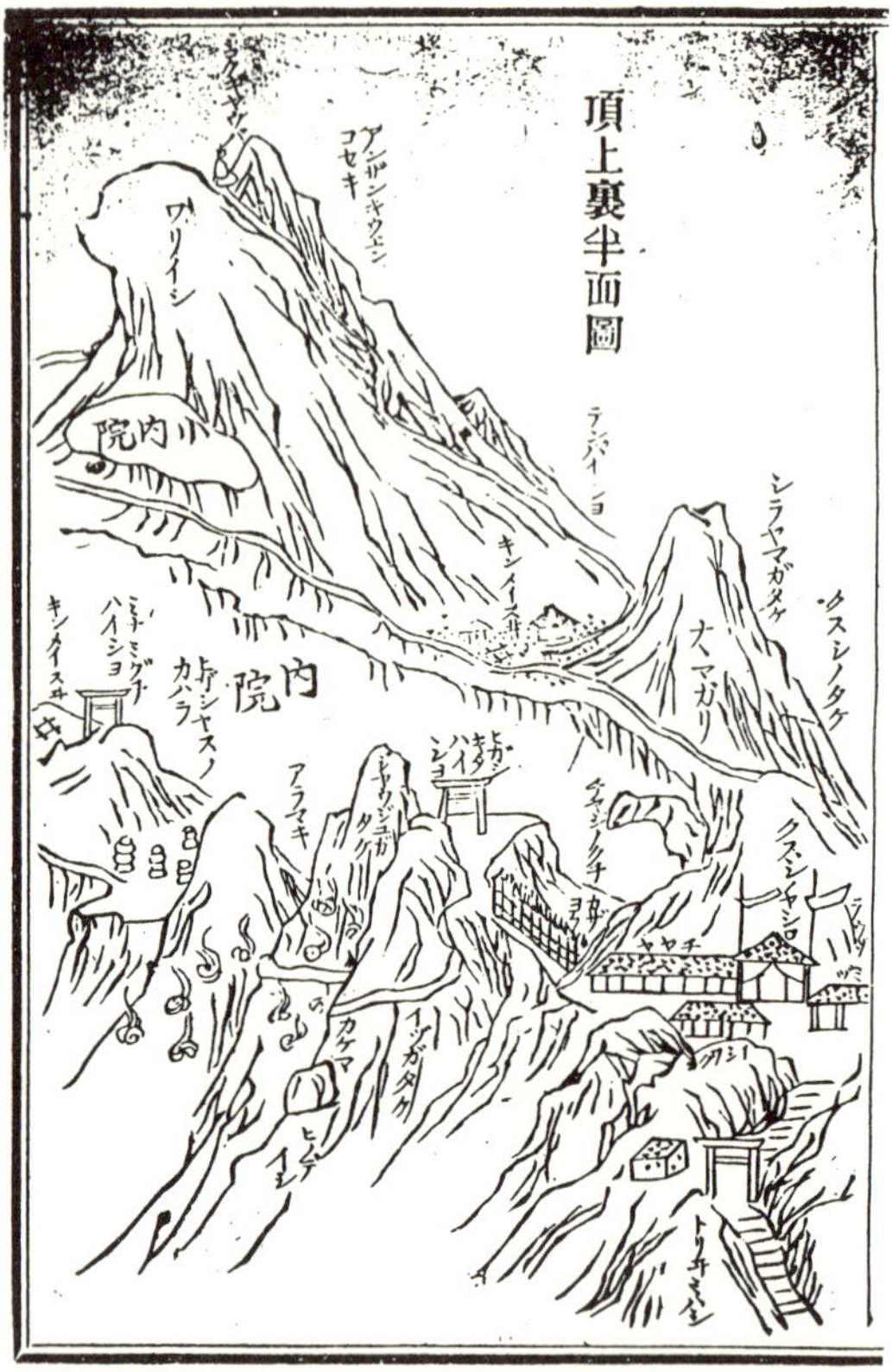

図31　1880年（明治13年）刊『富士山頂ひとりあんない』に描かれた頂上図。「アラマキ」「ジャウジュガタケ」のところに著しい熱気の噴出があったと描かれている。

熱の記事はない。寛保二年（一七四二）の阿部正信の『駿国雑志』、安永九年（一七八〇）の高山彦九郎の『富士山紀行』、文化一一年（一八一四）の松平定能の『甲斐国志』、同一三年の江湖浪人月所の『隔掻録』、そして天保一六年（一八四五）の新庄道雄の『修訂駿河国新風土記』。これらの文献もすべて勢至ヶ窪に言及しているが、この付近の地熱、噴煙にはまったく触れてはいない。また、天保一四年の桑間在融の『扶慈日記』、弘化四年（一八四七）の英湖斎泰朝の『富士山真景之図』、嘉永年間（一八四八—五四）の松園梅彦による『富士山道知留辺《みちしるべ》』なども、そここそ勢至ヶ窪のくわしい記載があるのに、地熱についてはまったく述べられていないのである。ことに『富士山真景之図』には勢至ヶ窪に関する説明が活字本にして一〇行もの説明があり、いく枚もの挿絵まで添えられているのに地熱、噴気はまったく触れられていないのである。

荒巻の地熱は明治にはいるとはなばなしく現れ、現代に近づくほど衰微する。そして、江戸時代にはパタッと記録がない。まさか荒巻の地面が人間社会の明治維新に歩調を合わせたわけはない。すると……？

図 32 『富士山道知留辺』に描かれた頂上図の勢至ヶ窪（荒巻）付近。
噴煙を表すようなようすは見えない。

◉第五〇話

安政東海地震と富士頂上の地熱点移動

明治初期には活発に噴気を出していて、痕跡は昭和四〇年ころまでつづいたこと、そしてその地熱は江戸時代の記録にはまったく現れないと述べた。このことをいっそうはっきりさせるため、明治維新の一八六八年の前と後で各文献に現れる、富士山頂の火口内の噴煙熱気の記載と、富士頂上の火口をとりかこむ「お鉢」の東南に位置する荒巻（勢至ヶ窪）の地熱の記載とを表にしてみた。

表中、×印は荒巻（勢至ヶ窪）に言及していて、しかもその地点の地熱、噴気の記載のないことを示している。〇は荒巻、火口内のそれぞれについて、地熱の記事があることを、●はおなじく噴気の記載のあることを、◎は噴気、地熱の両方の記載があることを示している。一は記載がないことを示している。地熱のありさまは一八六八年の明治維新というより、その一四年前の安政東海地震の一八五四年を境に、地熱、噴気のあった場所が画然と変化していることは、この表を見れば一目瞭然である。すなわち、一八五四年以前は頂上火口内にだけ熱気、噴気があり、荒巻地点にはまったくこれらは記載されていない。これに対してこの年以後は、火口内での熱気、噴気記事はまったく現れず、荒巻でのこれらに関する記載のみが現れるのである。以上のことから、荒巻の地熱地帯は、じつは一八五四年の安政東海地震によって現れたのではないだろうかと考えられる。

宝永地震（一七〇七年）の直後富士は大噴火した。いっぽう安政東海地震のあとは噴火はしなかった。しかし、富士はこのときも地震と無関係ではなかった。ささやかではあるが、荒巻の地熱と噴気という火山活動の「しっぽ」をちゃんと残したのではないだろうか。

この判断をするうえでもっとも基本的な判断材料としたのは、明治一三年（一八八〇）発行の『富士山頂ひとりあんない』の噴気記事であった。しかし、より厳密に考えると一八五四年の安政東海地震から一八八〇年までは二六年もの時代差がある。このことをより高い信頼度で述べるためには、安政東海地震の発生により接近した年代での直接証言者の記録がほしいところである。

残念ながら、今までのところこの二六年のあいだに荒巻（江戸時代は勢至ヶ窪）について述べた直接証言者の文章が見つかっていないのである。安政東海地震の三年後の安政四年、有馬新七は富士登山をして、『富士山紀行』を遺している。しかし残念ながらそのコースは須走口から登り、頂上に達したのちただちに吉田口から下山しており、頂上の一周はしていない。

また西洋人初の富士の登頂者となった初代英国公使ラザフォード・オールコックも有名な

表2 江戸時代以後の頂上中央火口、および荒巻・勢至ヶ窪地点の地熱記事。
◎：地熱、噴気記事あり。○：地熱記事あり ●：噴気記事あり。
×：荒巻・勢至ヶ窪の記事はあり、しかも地熱・噴気記事なし。
—：具体的地名記載なし。＊：記録者の登山年ではなく文献の記載・発行年。

登山年・刊行年	文献名（著者）	1 荒巻	2 頂上火口
一六〇七（慶長一二）	日本西教史	—	●
一七〇七（宝永四）	……宝永地震・大噴火……		
一七三三（享保一八）	富岳之記（中谷顧山）	×	●
一七四二（寛保二）＊	富嶽図記（東方隆）	×	—
一七四二（寛保二）	駿国雑志（阿部正信）	×	—
一七七六（安永五）	富士登山記（高陽山人）	—	—
一七八〇（安永九）	富士山紀行（高山彦九郎）	×	●
一七八〇年ころ	駿河国新風土記（新庄道雄）	×	○
一七九〇（寛政二）	富士日記（加茂季鷹）	—	●
一八一四（文化一一）＊	甲斐国志（松平定能）	×	—（吉田口六合鎌岩●）
一八一六（文化一三）	隔掻録（江湖浪人月所）	×	●
一八二七（文政一〇）	不尽岳志（羽倉用九）	—	◎
一九世紀前半	駿河国新風土記（新庄道雄）	×	○
一八四〇（天保一一）	（富士浅間文書）	×	
一八四三（天保一四）	扶桑日記（桑間在融）	×	—
一八四七（弘化四）＊	富士山真景之図（英湖斎泰朝）	×	—
一八五〇ころ	富士山道知留辺（松園梅彦）	×	—
一八五四・一二・二三（嘉永七・一一・四）	……安政東海地震……		

一八五五・二・一二（安政一・一二・二五）	袖日記（富士宮横関氏文書）富士の雪解る事、二、三月（旧暦）頃の山の如し、山気陽精籠り居る哉と人々怪しむ風説多し。			
	……江戸時代終わり、明治（一八六八）時代開始……			
一八八〇（明治一三）＊	「富士山頂ひとりあんない」（木野戸勝隆）	◎		—
一八九五（明治二八）＊	富士山頂地形図（吉田清次郎）	○		—
一八九七（明治三〇）	富士の地理と地質（石原初太郎）	○	（82℃）	—
一八九八（明治三一）	富岳遊草（末永純一郎）	○		—
一九〇〇（明治三三）＊	富士案内（野中　至）	○		—
一九一九（大正八）	神田四郎氏私信	○		?
一九二五（大正一四）＊	富士の自然界（山梨県）	◎		—
一九二八（昭和三）＊	富士の地理と地質（石原初太郎）	○	（最高80℃）	—
一九五四（昭和二九）	気象庁報告	○	（50℃）	
一九七九（昭和五四）＊	富士山・富士五湖（ブルーガイドブックス）	○	（微熱）	

『大君の都』“The Capital of the Tycoon” のなかに万延元年七月（太陽暦一八六〇年九月）に大宮口（村山口）から登頂を果たしたときの旅行記を載せているが、これも頂上の一周はしていないため、頂上火口周辺の噴煙、地熱については何も書いていない。おしいなーぁ。だれか一八五四年から一八八〇年までのあいだに富士頂上のようすを直接証言してくれる文献を知っている人、おられませんか。

改訂版追記：この点本書の二六九ページを参照のこと。

◉第五一話

一七八〇年ころの西日本の噴火活動

さて、江戸時代中期の一七八〇年ころ、頂上の中央火口は火山活動がほとんど停止していたのに、このころから地熱や、火口内の蒸気噴煙の噴出などが頂上の火口の縁に立つと観察できるようになり、火山としての活動がわずかながら復帰した、と説明したことがある。じつは一七八〇年の前後の年代は日本列島のあちこちの火山活動が活発化した時代であった。

まず安永七年（一七七八）一一月に伊豆大島の三原山で近世最大の溶岩流出をともなう噴火がおきた。そのつぎの年の一〇月二日には鹿児島の桜島が大噴火をおこし、鹿児島湾内の海底噴火を併発して新島を生じた。また津波が発生し溺死者を生じている。このときの火山灰は遠州横須賀（大須賀町）にも降ったことが記録されている。

天明三年（一七八三）三月一〇日には伊豆諸島最南に位置する青が島が池ノ沢に火口を開いて活動をはじめた。この噴火で島民一四人が焼死している。

同年四月九日にはじまる浅間山の噴火活動は、七月七日には北斜面の鎌原に大量の溶岩を噴出し、鬼押し出しを形成した。

寛政四年（一七九二）一月には、長崎県島原半島の雲仙岳のうち普賢岳が噴火活動を開始し、二月六日には穴さこ谷に新火口が開いて溶岩の流出がはじまった。火山活動の中心はしだいに東に移動し、ついに同年四月二一日の島原城下町の背後の眉山が大崩壊をおこし、有明海に大量の土砂が突進して、大津波を誘発した。この噴火・山崩れ・津波の死者は対岸の熊本県側での溺死者を合わせて、約一万五〇〇〇人に達した。

このように江戸時代中期の一七七八年から一七九二年までのわずか一四年間に、日本列島の関東地方以西にある大きな火山の多くは活動が活発化しているのである。このように短い期間内におきた一連の活動は「ぐうぜん時期が一致した」のではなく、関連しあったものと解するのが自然であろう。つまり、日本列島上の個々の火山は一見互いに無関係にきまぐれな時期に噴火をおこしているようにみえるけれど、ときには江戸時代の一七八〇年の前後の年代のように、日本列島全体の火山の活動度（ポテンシャル）が高まる時期があって、そのときには短い期間内にめぼしい火山が相次いで噴火をはじめたり、噴煙の量が多くなったりすることがある。一七八〇年前後日本列島西半分は全体として、このような火山活動のさかんな時期であったのである。このころに富士の頂上火口にわずかの噴煙と地熱が復帰したのも、当時の他の火山の活動と合わせて理解すべきものなのかもしれない。*

さて、一九八三年には伊豆の三宅島が噴火し、一九八六年の年末には伊豆大島の三原山の溶岩流出が、安永噴火以来の規模でおき、一九八八年秋には阿蘇山の活動が活発化して火映の現象がみられ、ついで桜島、浅間の活動も活発となり、九一年にとうとう、島原の雲仙岳が一七九二年以来、一九九年ぶりに活動を開始した。

富士もまたあるいは、噴火に対する警戒の心をそろそろもっていいのかもしれない。

＊—第二刷注記：この点に関し、高島真一氏から貴重な御指摘があった。「あとがき」の末尾を参照してください。

◉第五二話

二〇一一年東日本震災の地震と富士山

二〇一一年三月一一日の一四時四六分に東北地方の太平洋沖の海域に発生した東北地方太平洋沖地震（以下「東日本震災」と呼ぶ）は、マグニチュード九・〇という未曾有の規模の超巨大地震であった。この地震による津波は、本州最東端の岩手県魹《とど》ケ崎付近で四〇・六メートルの標高まで浸水したほか、ここから北、野田村米田《まいた》までの約六〇キロメートルの海岸線で、高さ三〇メートルの浸水を記録した。津波の規模から見ても、明治二九年（一八九六）の三陸津波をも上回る、我が国の史上最大の大津波となった。この地震津波は、平安時代の始め、一一四二年前の貞観一一年（八六九）の三陸沖地震（貞観三陸地震）の再来であることが、いくつかの客観的な証拠から指摘されている。その証拠とは、仙台平野の地層中に残る貞観地震津波の堆積物の分布が、海岸線から約四～五キロに及んでいて、二〇一一年の津波とほぼ同じであること、貞観地震の被害も、陸奥国（福島県から青森県まで）だけではなく常陸国（茨城県）、下総国（千葉県）にも及んでいたことが『三代実録』の記載から裏付けられること、などである。

ところで、この本の第三三話（161ページ、元禄関東地震のところ）で、やはり千年地震と見られる元禄一六年一一月二三日に起きた元禄関東地震の三五日後の元禄一六年一二月二八日の早朝、富士山直下でかなり大きな地震があり、富士山の山体内部の火山活動の存在を示す鳴動音が聞こえたこと、さらにこの富士山直下地震からその五年後の富士（山）宝永噴火まで、御殿場地方で断続的に地震が感じられたことが記録されていることを述べた。それならば、二〇一一年の千年地震である東日本震災の地震は富士山になにか影響を及ぼさなかったのであろうか？実は東日本震災の四日後の三月一五日二二時三一分に富士山頂の南南西五キロメートル、深さ一四キロメートルの富士山直下で、マグニチュード六・四の中規模地震が発生した。この地震によって富士宮市で震度六強が、山中湖村、河口湖町長浜、忍野村などで震度五強、静岡県富士市、御殿場市、小山町、神奈川県小田原市などで震度五弱が観測された（図33）。元禄関東地震直後の富士山直下地震（図33）と、震度分布がよく似ていることが認められるであろう。幸いにもこの富士山直下地震の後の余震活動は、順調に減少して行き、富士噴火に直接つながって行く兆候は見られなかった。また、マグマの地下での移動を示す火山性微動や低周波地震の発生も観測されなかったので、この富士山直下地震が噴火の兆候を示すものではないと、気象庁からは発表された。しかし、元禄関東地震直後の富士山直下地震から五年を経過して富士（山）宝永噴火につながったように、やや長い時間経過をみても「やはり火山活動とは無関係であった」と言い得るかどうかは、もう少し時がたたないと結論が出せないと考えられる。

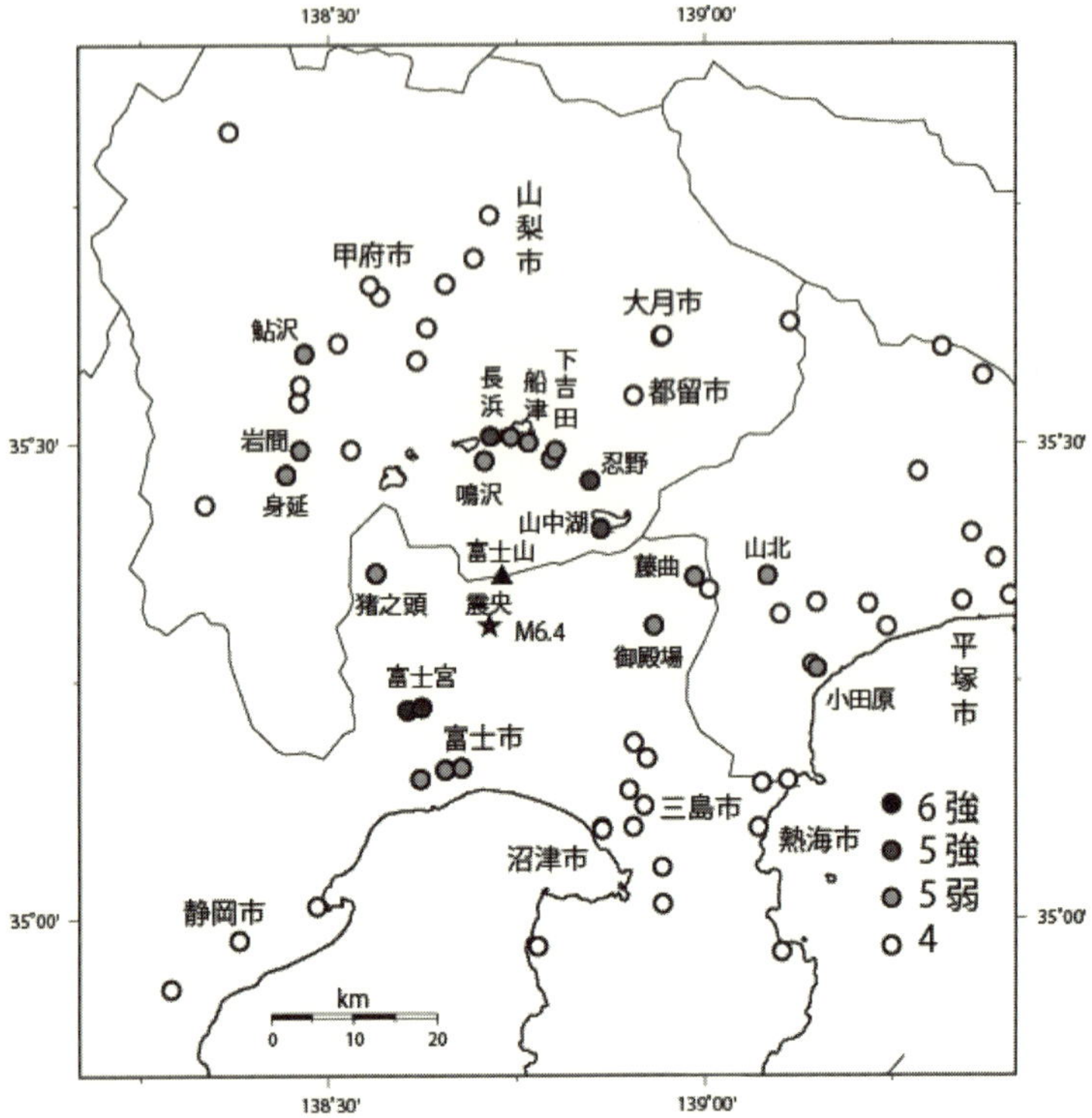

図 33　東日本震災発生の 4 日後（2011 年 3 月 15 日）に起きた富士山直下の地震による震度分布

◉第五三話

巨大地震の発生が各地の火山活動を刺激する

巨大地震は発生すると、活動を休止していた火山の活動を刺激し、時には噴火を誘発することがある。既にわれわれは、富士山は元禄関東地震（一七〇三）によって直下地震と鳴動を誘発し、五年後の宝永噴火（一七〇七）の遠因となったことを知っている。また、宝永噴火の直接の原因となったのは、その四九日前に起きた宝永東海地震であったことは明白である。さらに、千年震災という超巨大地震であった二〇一一年の東日本震災の地震が、四日後に富士山直下のマグニチュード六・四の中規模地震を引き起こしたことは既に述べた。それでは、富士山以外の火山に与えた影響はどうであろうか？　気象庁の『地震・火山月報（防災編）平成二三年三月』によると、富士山だけではなく長野県北アルプスの焼岳、乗鞍岳、石川県の白山、箱根山、伊豆大島三原山、新島など、全部で一六個の火山で、地下の火山活動が東日本震災の直後、一時的に増加した。どの火山もその後噴火にはつながらなかったが、大きな地震が起きたとき、その震源の近くの火山の活動がこれによって促されることがはっきり示された。この中で、箱

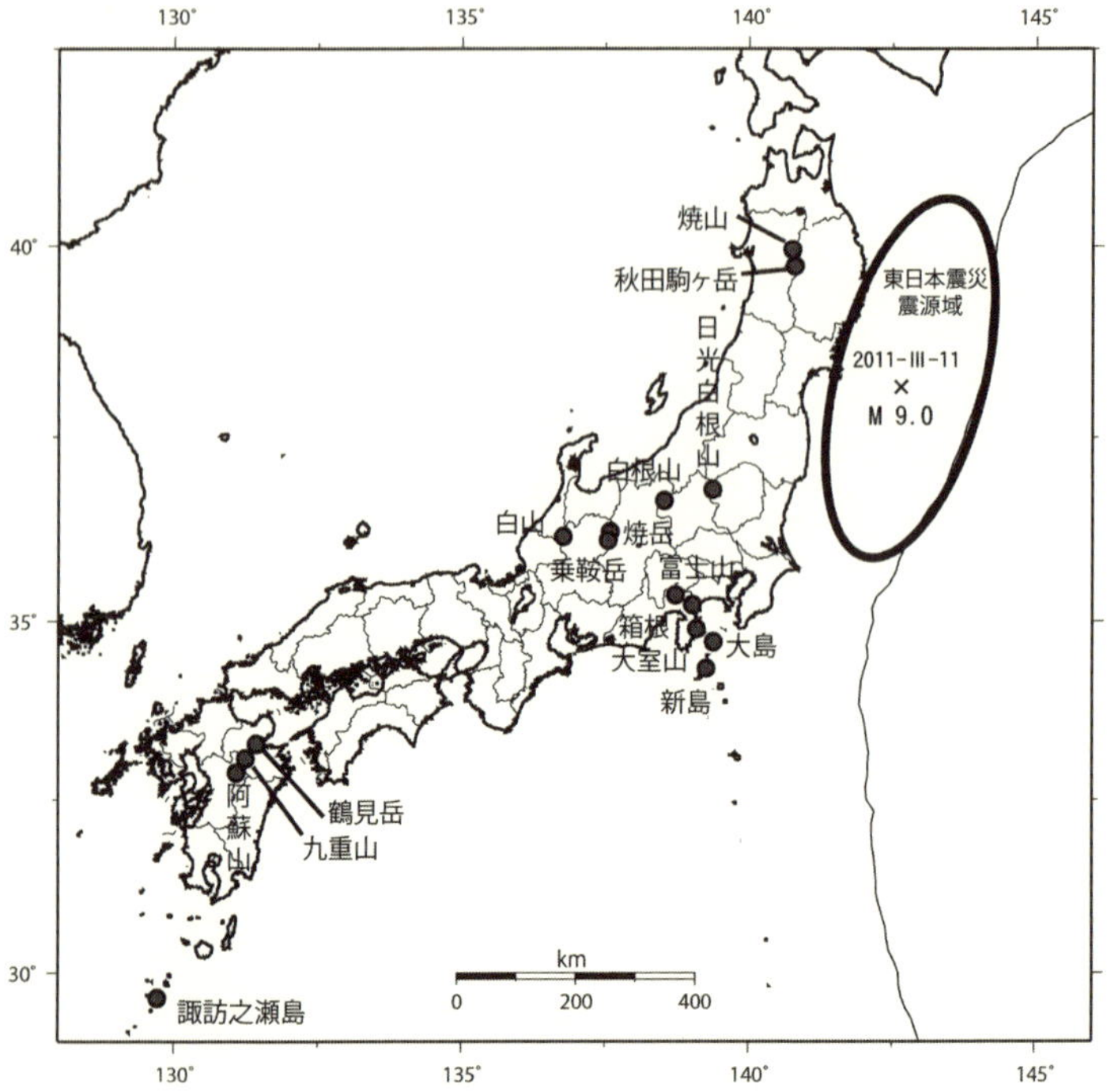

図 34　2011 年 3 月 11 日の東日本震災の地震の発生直後に、地下の火山活動が一時的に活発となった火山

根火山の地震活動が特に著しかった（原田昌武ら、二〇一二）。

じつは、同じく千年地震である元禄関東地震（一七〇三）が富士山だけではなく、噴火の続いていた浅間山の活動を活発化する方向に影響を与えたことが『文鳳堂雑纂《ぶんぽうどうざつさん》』に記録されている。それによると、「牧野周防守領分信州小諸より差上候書付、信州浅間郡（山）、去秋常よりも焼強く御座候。去極月（十二月）十三日之夜中大焼いたし、その以後年内二三度大焼仕《つかまつり》候」という。つまり、従来噴火していた浅間山が元禄地震が発生して、地震の二〇日後の夜に大噴火となった。このような大噴火はこの年内にあと二、三続いたというのである。

浅間山の噴火は年が改まっていっそう激しくなっていく。さらに記述は続く。「当（元禄十七年＝宝永元年）正月朔日《ついたち》寅刻（午前四時）大焼いたし、焔《ほのお》も見へ申候。同二日三日打続、大焼仕《つかまつり》候。惣じて正月中度々大焼致し候由。当二月中折々焼出候」という。つまり、新年を迎え正月元日の午前四時にも再び大噴火して火焔が観察された。噴火は二月も時々続いた。

そうして噴火のクライマックスを三月に迎えることになる。「当三月は大方日々に焼申候。就中《なかんずく》十日之夜明六時（午前六時）頃に震動いたし焼出、辰之刻（午前八時）時分大焼仕《つかまつり》、この節も塩野村江砂夥しく、罷出《まかりい》で候ものは折敷等冠り申候由。戸障子なども外《はず》れ申候。焼け石飛び、山萱に火等付申候」、という。すなわち三月にはいると、ほぼ毎日噴火が起き、特に一〇日午前六時の噴火では八時頃に大噴火となって、焼け石が塩野村（図35参照）に降り、外出する人は折敷《おりしき》（木製の盆）を頭に載せヘルメットがわりにした。家の戸や障子がはずれ、飛んできた焼け石によって枯れ草に火がついた、という。元禄関東地震の発生は、富士山だけではなく、浅間山の噴火にも大きな影響を与えたのである。

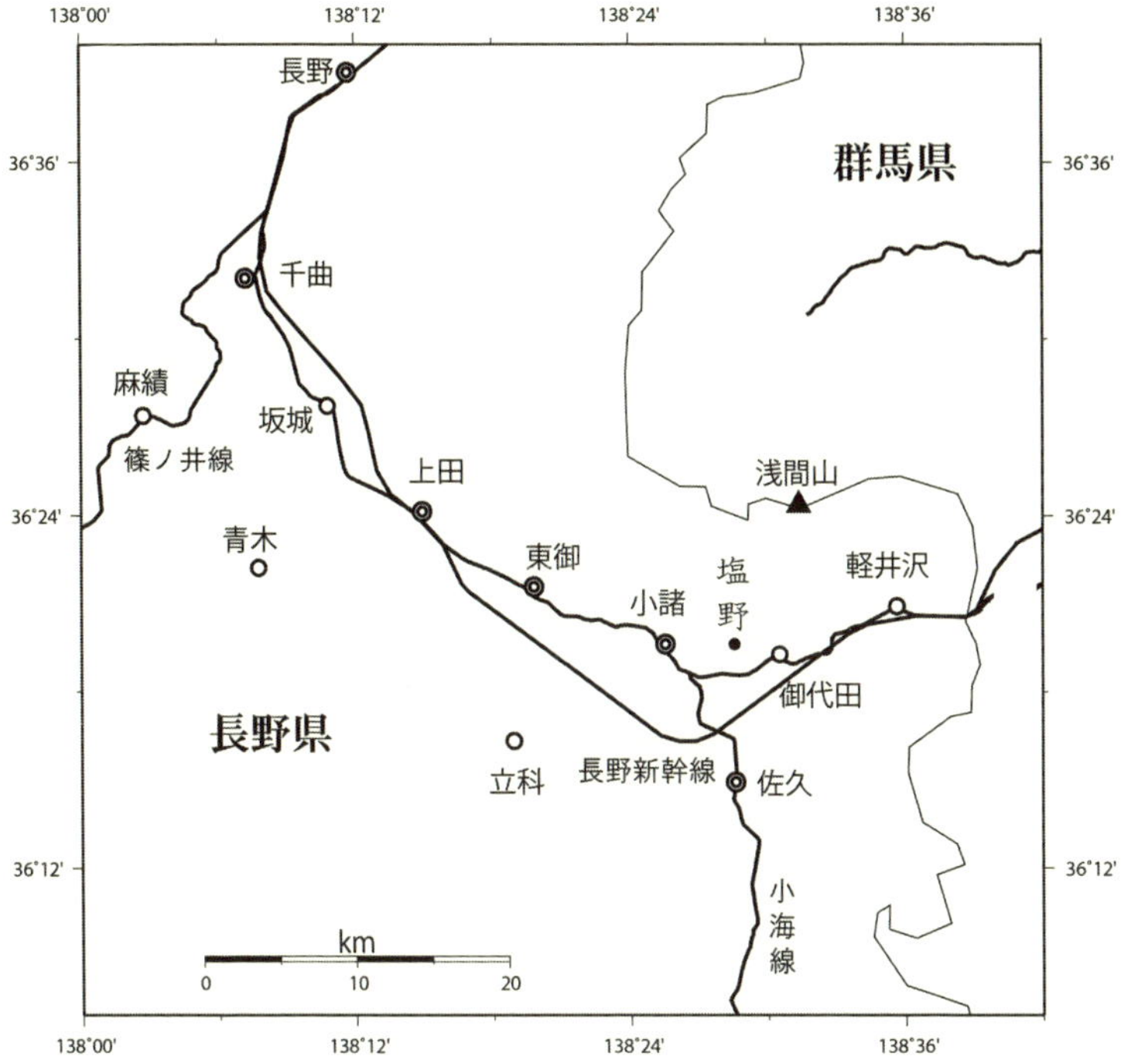

図 35　浅間山と塩野の位置

◉第五四話

北斎の版画に描かれた富士頂上の噴煙

葛飾北斎といえば、江戸時代後期の浮世絵師としてあまりにも有名である。北斎は江戸中期の宝暦一〇年（一七六〇）、江戸本所（東京都墨田区）の生まれ、江戸時代としてはまれな長命を保って、九十歳で幕末の嘉永二年（一八四九）江戸浅草で没した。富士を主題として江戸をはじめ各地の情景を描いた「富嶽三十六景」は、彼が六三歳となった文政六年（一八二三）ころに描きはじめ、七三歳となった天保四年（一八三三）に完成している。この時期、北斎は「為一《いいつ》」の雅号を用いたので、各図には「前北斎為一筆」の落款（署名）が添えられている。本書をここまで読まれた読者には、この時期には富士山の頂上には噴煙が見られなくなった時期であることはご承知であろう。したがって、この「富嶽三十六景」に描かれた富士の絵には、どれにも噴煙は描かれていない。たとえば、河口湖の北岸の御坂《みさか》峠の麓、富士山頂から二〇キロ北という至近距離から見た富士を描いた「甲州三坂水面《こうしゅうみさかすいめん》」の図にも頂上の噴煙は全く描かれてはいない。

ところで北斎が描いた富士の図は、彼が六十代に描いた「富嶽三十六景」だけではない。四

図 36　「冨嶽三十六景」のうち「甲州三坂水面」の図。中右コレクション。

十代に描いた「新板浮絵忠臣蔵《しんばんうきよえちゅうしんぐら》」という、忠臣蔵を演ずる舞台を描いた一一枚の絵がある。「可候画」の落款があり、享和末年から文化初年（一八〇三〜一八〇五）の作であるので、四三歳から四五歳までの間に描かれたものである。その一枚目は、「初段鶴ヶ岡」となっていて、鎌倉の鶴ヶ岡八幡宮を舞台を仕立て役者たちが演じているさまが描かれている。舞台の背景には、相模湾につき出た稲村ヶ崎と江の島が描かれ、その向こうに富士山が描かれている。この富士山の頂上からは、かすかだが明白にほぼ垂直に立ち上る噴煙が描かれている。うっかりすると見落としそうになるほどかすかだが、山頂から絵のほぼ上辺までゆらゆらと立ち上る噴煙が見える。

ところで、この富士山頂上の噴煙は、北斎が一八〇三〜〇五年にこの絵を描いているとき、その有様を見たとおり忠実に描いたものであろうか？　富士の頂上から噴煙が立ち上る姿は、もうこの年代にはよほどまれになっていた。だから、北斎がこれを描いているとき、この絵の通り噴煙を実際に見ることができた可能性は小さい。ところで、この時北斎は四三〜四五歳である。記憶の残り始める幼少年代はこれより三五年ほど前になる。明和七年（一七七〇）のころだ。この少年の時期、富士山の頂上に噴煙が立ち上る有様を実際に見ていて、その記憶した情景を描いたものであろうか？　この可能性はかなり大きい。

さらに、この舞台の出来事が起きた忠臣蔵の時代、すなわち赤穂の浪人が本所の吉良邸に討ち入りをしたという出来事は元禄一五年（一七〇二）で、北斎が生まれる五八年前の出来事であ

図 37　葛飾北斎の「新板浮絵忠臣蔵・初段鶴ケ岡」。落款は「可候画」。原画は中右コレクション。背景に描かれた富士山に頂上から空高く立ち上る噴煙が描かれている。

図 38　富士山と噴煙の部分を拡大したもの

る。本書で述べたとおり、このころ富士山は「常香のごとく」絶えず頂上から噴煙の立ち上るのが見えていたのである。北斎が幼少のころ（一七六五年ころ）、彼の周囲に七十歳の老人が一人でもいれば、その老人から「山頂から絶えず噴煙の立ち上る富士」の話を聞くことができたはずなのである。北斎は忠臣蔵の出来事が起きた時代には、富士山は山頂から絶えず噴煙が立ち上っていた時代であることを当然知っていた。だから、北斎は、忠臣蔵の舞台の背景に噴煙の立ち上る富士を描いたのである。

ともかく、「山頂から絶えず噴煙が立ち上る富士」の絵を、実際に見ることはあるまい、と今から二一年前、この本の初版を執筆していたころには思いこんでいた。喜ばしくも、冨嶽三十六景の実物の展示会があると聞いて飛んでいった平成二五年八月四日長野県小布施の北斎館でこの絵に出会うこととなった。二一年ぶりの本書改訂版の原稿執筆に追われるさなか、この絵に出会うことが出来た奇跡にただただ驚くばかりである。

◉第五五話

富士山噴火史——総括

『万葉集』から現代までの富士山噴火史の総括図を見ておこう。

黒丸は富士の直接観察者、またはそれに準ずる人の詠んだ歌などに頂上に噴煙がある、と証言するものである。白丸は恋愛に関する和歌などに比喩として富士の噴煙が詠まれているものである。丸印に横棒がついているのは、年代が正確に確定しない場合の、年代上限と下限の範囲を示したものである。×印は富士に噴煙がないことを積極的に証言するものである。下のほうの「噴火年代」の細い線に□印をつけたのは『理科年表』にある噴火年代で、富士山から火山灰、溶岩などの噴出物のあった年を示している。ただし、偽書を根拠とする非常に疑わしいものは省いた。二重四角はとくに大きな噴火である。いちばん下の太い線が、和歌などの時期分布からみて、富士山頂から噴煙が出ていたと判断される年代を表しており、つまりながながとこの本で論じてきた私の議論の結論を表す線だということになる。ただし、江戸時代の中期は、遠方から見てすぐそれとわかる噴煙ではなく、頂上に立った登山者が火口をのぞきこんではじめて噴煙の存在がわかる程度であったのだからまばらな点線で表してある。

縦の太線は東海地方に富士川断層・駿河湾トラフ・南海トラフの断層ずれによる巨大地震のおきた年を表しており、点線は東海地方からやや離れた南海沖が震源の場合を表している。一七〇七年の宝永地震とその四九日後におきた富士南斜面の大噴火とが関連していることは疑う余地はない。古代については巨大地震の記録漏れもあるらしくはっきりしないが、中世の一三六一年の正平南海地震以後は、一四九八年の明応東海地震、一六〇五年の慶長房総沖地震、そして一八五四年の安政東海地震もまた、それらの地震を境にして、富士の噴火ないし噴煙、地熱などを含めた火山活動が活発化していることが指摘できる。つまり、東海または南海地震あるいは房総沖地震と、富士の火山活動との関係があったのは宝永のときだけではなく、ほとんどいつもこの両者が密接に関連しあっておきていることが指摘できるのである。

七〇〇年から一九九一年までの約一二〇〇年間のうちで、富士頂上火口に噴煙のあった時期を時間積算（江戸中期を含め、安政東海地震後の荒巻の噴気・地熱を無視する）すれば、じつに約六五〇年ものあいだ、噴煙がたなびいていたことになる。つまり歴史の時代を長い目でみれば富士は半分の時期は浅間や阿蘇とおなじく日本列島を代表する活火山でありつづけたのである。

現代は、東京などの遠方から見て噴煙が見られない時期が約三〇〇年もつづいてきた時期にあたっている。こんなことは長い富士の噴煙史上にはなかったことである。つまり富士は噴煙のない状態が長くつづいた今のほうが異常なのだ。

古代から現代にいたる噴煙のあった時期を表す図の下のほうにある太線の分布に注目しよう。全般的な傾向として古代ほど、噴煙のあった時期の割合が多く、現代に近づくほど噴煙のあった時期の割合が小さいことに気がつくであろう。噴火年代の四角印の分布を見ても奈良・平安時代ほど噴火頻度が大きく、近代・現代ほど小さい。これは、長い目でみれば富士の火山としての活動が低下していく傾向にあることを示している。ところでこのことは、ただ富士山のみについていえることなのであろうか。さきに、江戸時代の中期、一七八〇年のころ日本列島西半分にあるおもな火山が相次いで噴火をはじめた時期があり、このことは偶然ではなく、日本列島の火山活動度（ポテンシャル）の高い時期であったと考えるほうが自然であると述べた。それならば、富士が古代ほど全体として噴煙の時期が多く、噴火頻度も大きいというのは、ひとり富士のみについていえることだったのだろうか。そうではなく、飛鳥時代、奈良時代、平安時代の日本列島の噴火のポテンシャル自体が今より高かったと解することはできないだろうか。この見解は今のところひとつの示唆、憶測にすぎないけれど、日本各地の活・休火山について、「火山活動のよりはなやかなりし太古」の残映がみられるのである。

最後に一つ指摘しておきたい。図で白丸の分布に注目していただきたい。白丸はつねに黒丸とおなじ時期に現れており、けっして×印と混じり合って現れてはいない。このことは、つまり「たとえ京都のような富士の見えない遠方にいて、秘めたる恋愛感情のたとえとして富士の噴煙が使われたばあいでも、そのとき富士に噴煙がほんとうにあったときに限ってそのような和歌が詠まれた。富士に噴煙のない時期には、このようなたとえはなされなかった」ことを意味する。

現実の富士にそのとき噴煙もないのに、富士にあたかも噴煙があるかのように空想でみなして恋心のたとえに用いた、などという「文学的」すぎる「美しいウソ」を古代・中世の日本の歌詠みたちはしてこなかったのである。この点、自由な空想で多少事実に嘘があっても「感じが表現されているほうを良しとする」ような俳句を作った与謝蕪村のような人は、古代・中世には、ごく少数派であったとみられるのである。

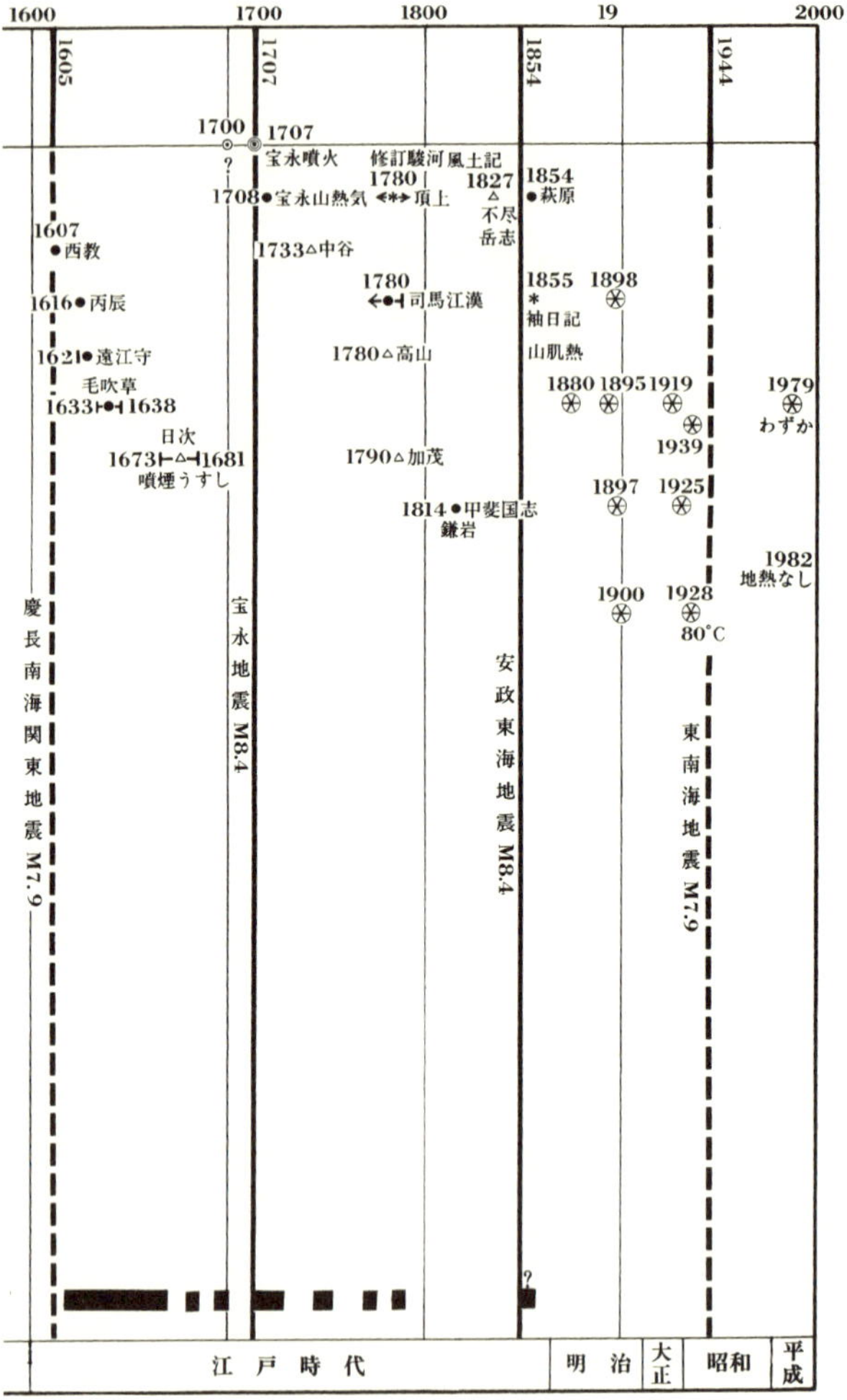
1600
1700
1800
19
2000
1605
1707
1854
1944
1700
1707
宝永噴火
修訂駿河風土記
1780
1827
1854
1708●宝永山熱気
項上
不尽
岳志
●萩原
1607
●西教
1733△中谷
1780
司馬江漢
1855
1898
1616●丙辰
袖日記
1621●遠江守
1780△高山
山肌熱
毛吹草
1633⊢●⊣1638
1880
1895
1919
1979
わずか
1939
日次
1673⊢△⊣1681
噴煙うすし
1790△加茂
1897
1925
1814●甲斐国志
鎌岩
1982
地熱なし
1900
1928
80°C
慶長南海関東地震 M7.9
宝永地震 M8.4
安政東海地震 M8.4
東南海地震 M7.9
江戸時代
明治
大正
昭和
平成

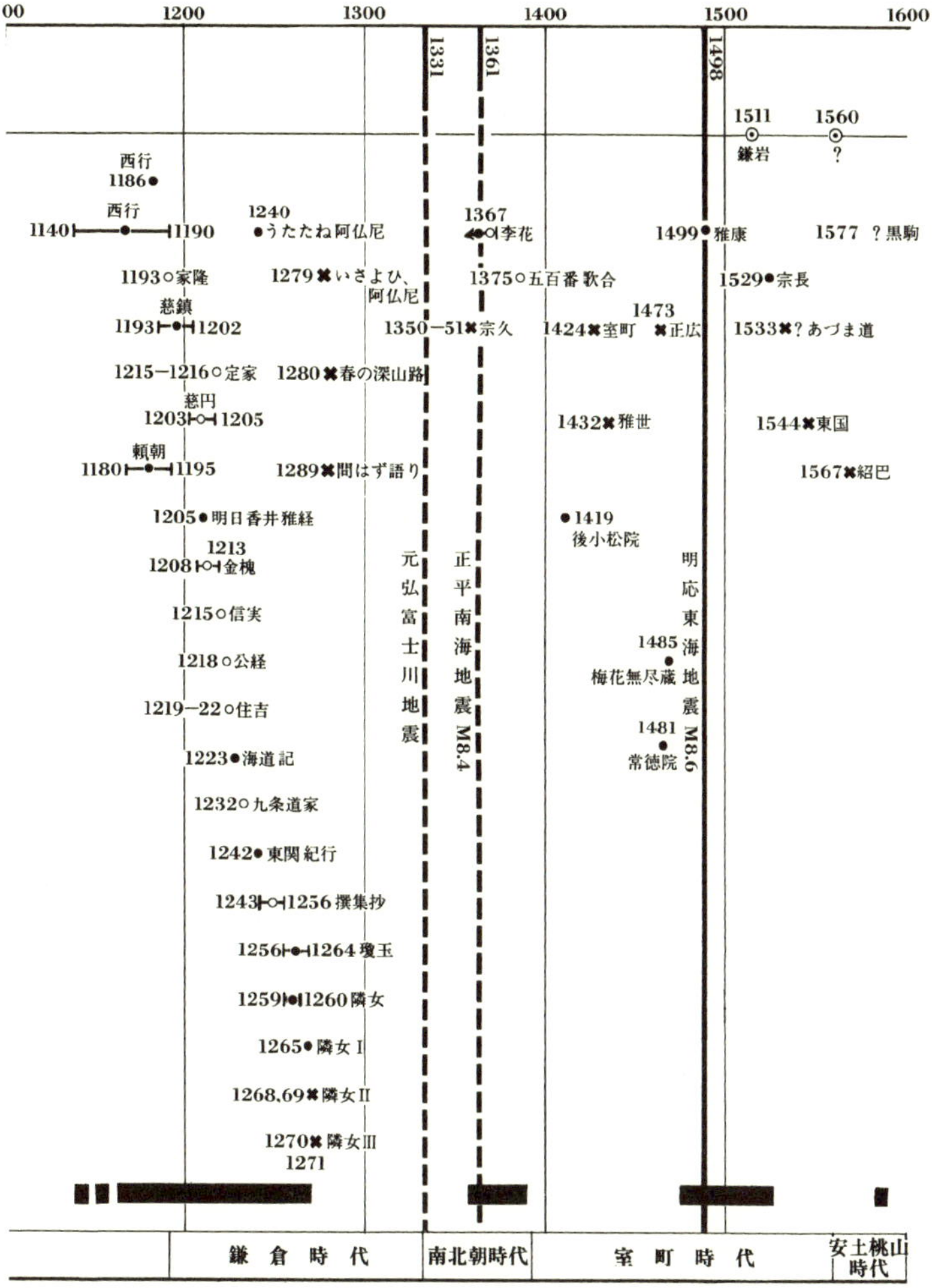

○は恋愛歌で感情のたとえとして 富士の噴煙を詠むもの、 ✖は噴煙なしの事実を証言するもの。
△頂上中央火口噴気 ＊地熱 ㊟荒巻での地熱 ├●┤年代の上下限、 ├●→ 年代の上限
←●┤年代の下限 ←●→この年代ころ。太い縦実線は東海沖巨大地震 がおきた年、
太破線はその他の大きな地震がおきた年。

富士火山活動文献年代図

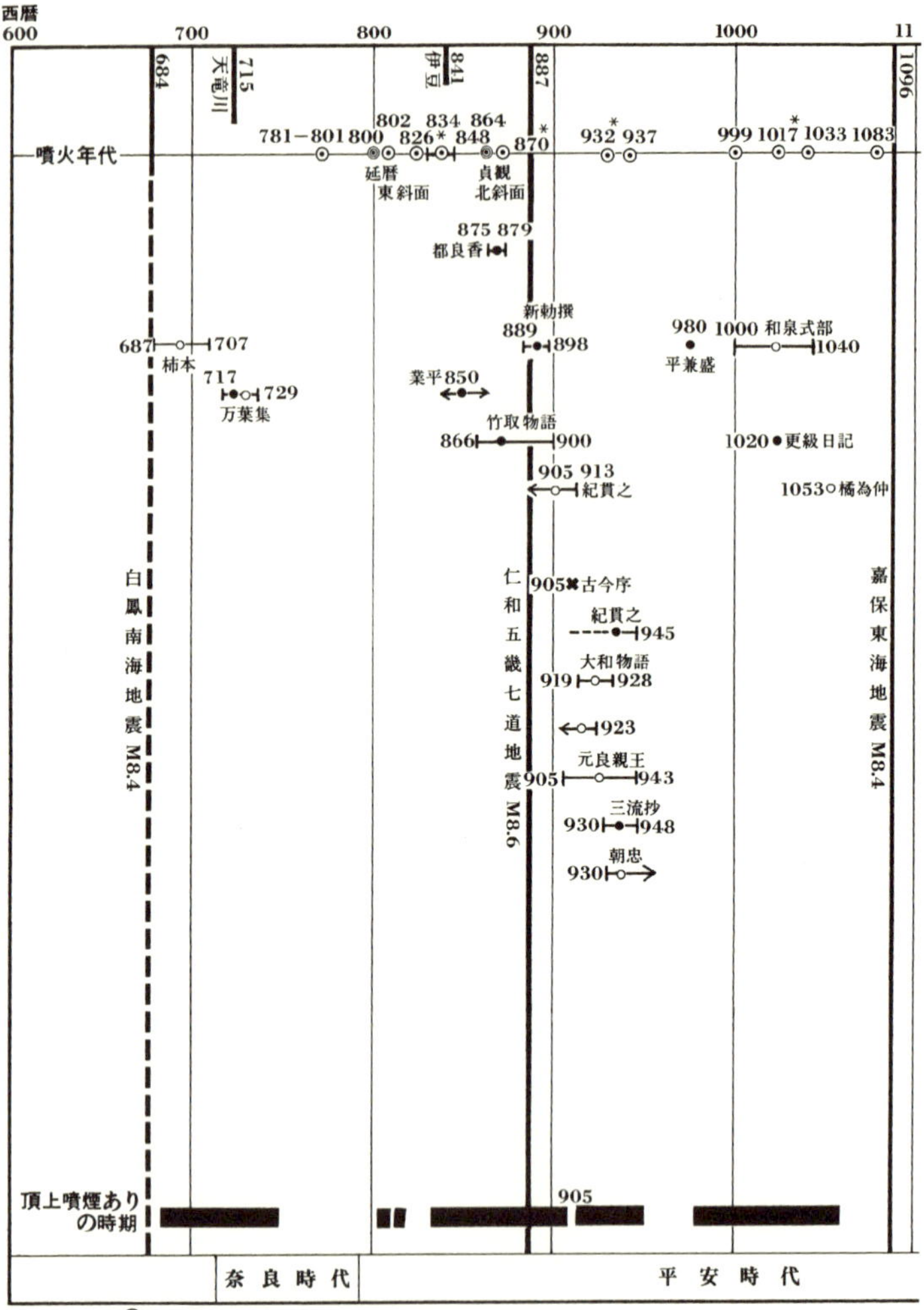
西暦
600
700
800
900
1000
11
684
715 天竜川
841 伊豆
887
1096
噴火年代
781−801
800
802
826*
834
848
864
870*
932*
937
999
1017*
1033
1083
延暦 東斜面
貞観 北斜面
875 879 都良香
新勅撰 889 898
687 707 柿本
717 729 万葉集
業平 850
竹取物語 866 900
905 913 紀貫之
980 平兼盛
1000 和泉式部 1040
1020 更級日記
1053 橘為仲
白鳳南海地震 M8.4
仁和五畿七道地震 M8.6
嘉保東海地震 M8.4
905 古今序
紀貫之 945
大和物語 919 928
923
元良親王 905 943
三流抄 930 948
朝忠 930
頂上噴煙ありの時期
905
奈良時代
平安時代

記号の意味 ◎大 ◎小 溶岩、火山灰の噴出を伴う噴火、数字はその西暦年で、

＊をつけたものは、宮下文書に由来するため疑わしいもの。

●は紀行文の筆者など直接富士を見て噴煙ありと証言するもの、

あとがき

私がはじめて静かに噴煙をあげる富士山の研究を発表したのは、一九八八年九月に静岡市で開催された「第五回歴史地震シンポジウム」の講演としてであった。そのときは、まだ論拠とする材料が、『竹取物語』と『更級日記』、都良香の『富士山記』と、その他ほんの五、六種類の文献を数えるに過ぎなかった。この発表をしたとき、当時ＮＨＫの科学論説員の伊藤和明氏から質問の形で、私にとって新鮮な興味をひく有用なコメントをいただいた。「この研究は今の発表程度じゃまだ浅い。もっと深く掘り下げる値打ちがありますよ」と、激励されたものと私は受け止めた。

そこで、私は気分をあらたにして富士の噴煙に関する古文献をあさり始めた。幸か不幸か、私は自宅（茨城県竜ヶ崎市）から勤務先（文京区弥生）まで、通勤時間が一時間二五分とやや長く、毎日約二時間あまりを電車内で過ごす。東大の中央図書館からつぎつぎと借りだした『群書類従』や岩波文庫の和歌集の活字本を、この満員電車内を書斎にして読みあさる日々が続いた。

シンポジウムの約半年後、講演の論文集に論文原稿を提出するまでには、目を通した和歌の数は一万五千首を越え、富士の噴煙を描写した紀行文や地誌などの文献は八〇種類を越えていた。『産経新聞』の静岡支局は、私のこの研究を注目してくださり、一九八九年の一一月八日から「富士山噴火史——古文献は語る——」と題して毎週水曜日、静岡、神奈川、山梨の地方版の紙面に連載されることとなった。当初、二〇週もてばよいかと思っていたところ、とうとう一九九一年四月二五日掲載の第六九回まで続いて、これが最終回となった。

この間、『産経新聞』の紙面としては破格のケッタイな大阪弁やら、看板コラムである「正論」への悪口やら、産経とは政治的立場の対極にある『赤旗』新聞への感謝文やら、やんちゃ坊主の言いたい放題みたいな文章を原稿として送ったこともあった。しかし、産経新聞静岡支局（当時）の市川七海次長さんもサルモノ、いっさい産経新聞本社への気兼ねなんかなさることなく、ボクの原稿がそのままの形で紙面に載せられているのをみて、こちらがむしろ驚いた。連載の場は提供していただいても、政治的信条と生理的心情から産経新聞にゴマをする気なんかまるっきりなかったから、いずれそのうちデスクがカチンときて、「獅子身中の虫」とつまみ出されるだろうとむしろ期待していたが、とうとう最終回まで来てしまった。いやー、マイッタ。

この連載中、毎回話にまつわる写真が掲載されたが、そのなかには焼津市林叟院の明応地震の石碑や、静岡市丸子の柴屋寺など、私自身はじめて眼にする貴重な写真映像が掲載された回があった。これらの写真の大部分は、産経新聞静岡支局のカメラマンの東奔西走の撮影活動の成果であったが、その多くを本書の刊行のさいにも御提供をいただいた。同支局の皆様に改めてお礼申し上げる。

連載中、私の思い違いや、調査の及ばなかった点、読者の方に教えていただいたこともいろいろあった。本書は連載原稿を基にしてできあがったものではあるが、このような読者の批判を考慮にいれた再調査、その後見つかった史料などによって、大幅に書き換えたところがある。連載中に、静岡県小山町の教育委員会から『小山町誌』の資料編として富士を詠みこまれた歌が紹介された。私の気づかなかった和歌も若干入っており、本書の内容にも少し反映させている。

この本の最初に出した原稿は、文献上の事実関係について氏森みちよ氏による綿密なチェックをいただいた。私の単純な思い違いや、書誌学上の知識の不足からくる成立年代考証の不備などあちこちで御指摘をいただいた。深く感謝したい。この本のなかのどの記載の部分が同氏の功であると、その箇所ごとに明記し、他人の功を横取りしないのが自然科学の論文を執筆する者の掟であり、私もそうするつもりであったが、煩雑になりすぎるという編集部の意見により、相当な後ろめたさを感じながら、巻末にこの謝辞を述べるにとどめることにした。

初版の発行から二一年が経過して本書の改訂版を出すにあたっていくつか補足すべきことが発生した。ひとつは二〇一一年の東日本震災という千年に一度の規模の超巨大地震が起き、富士山にも四日目に直下型地震が誘発されたことである。
初版発行時には、須山口と村山口という深い歴史のある富士山の登山古道は全く消滅状態であったが、裾野市や富士宮市など地元の有志各位のご努力によってこの両道が歩ける道として復興し、筆者が実際に歩く機会を得たのは大変幸いなことであった。長野県小布施の北斎館で北斎の浮世絵に富士山頂から立ち上る噴煙が描かれているのを発見したのも、この改訂版に述べておいた。何か不思議な糸に導かれているような奇跡の支援があった気がしている。

都司嘉宣

二〇一三年九月七日

第二刷注記

[一]

柏市にお住まいの高島真一氏から、アーネスト・サトー（日本人の「佐藤さん」ではなく、英国公使館の館員で、のちに英国駐日公使となったErnest・M・Satow）の「日本旅行記」の中に、明治初期の富士山頂の地熱の記事があるという御指摘を頂いた。この本は一九九二年六月に平凡社から東洋文庫のシリーズとして活字刊行された。それによるとサトーは、富士に二度登っている。一度目は一八七七年（明治一〇年）七月二九日に須山口から登り始め、夕方六時に頂上に着いて、翌日は頂上火口（お鉢）を一周している。途中で須走り口頂上、観音が岳、勢至窪、東賽の河原、銀名水（御殿場口頂上）と通過しているが、ここには地熱の記載は全くない。二度目は一八八二年（明治一五年）にこんどは村山口から五合目まで上り、お中道を一周したのち、九月四日に村山口頂上に達している。ここから剣が峰を往復した後、反時計方向に半周して須走り口頂上に行きここから下山している。この途中、東賽の河原に三個の蒸気の噴出する場所を観察し、生卵を一五分かけて半熟にゆでている。この熱気は五年前の一八七七年にはまったく気付かなかったとサトー自身が明言している。さらに、この熱気は一〇年くらい前から出始め、以後段々量が増えているという、山頂での証言を記録している。おそらく小屋の主人や強力などによる証言であろう。これによると、荒巻（勢至窪）の熱気は、一八七二年（明治五年）ごろ始まったことになる。安政東海地震（一八五四）の一八年後ということになり、やや時間差があったことになる。因果関係をいうには時間的にすこし隔たりすぎるか？

[二]

本書第一版の読者からたくさんのご意見をいただきました。改めるべき点もいくつか指摘され、第二刷で改めることができました。有意義なご指摘をいただいた人の名を記して感謝の意を表わしたいと思います。

大庭正八氏、河原辰夫氏、坂上寛一氏、首藤伸夫氏、高島真一氏（五十音順）ありがとうございました。

〔三〕

参考文献の旧版に二か所の誤植があることを「地理」の「書評」欄で坂上寛一氏のご指摘を受けました。感謝いたします。

一九九三年三月　　都司嘉宣　追記

参考文献

足立鍬太郎、『修訂駿河国新風土記』、国書刊行会、一九七五年。

宇佐美龍夫、『資料・日本被害地震総覧』、東京大学出版会、一九七五年。

小山町教育委員会、『小山町誌・資料編』、一九八九年。

草柳卓二、「富士噴火年表」、『富士山噴火史』、静岡県地震対策課、一九八三年。

静岡県地震対策課、『富士山噴火史』、一九八三年。

浅間神社社務所、『富士の研究Ⅰ・富士の歴史』、富士研究シリーズⅠ、名著出版復刻、一九七三年。

浅間神社社務所、『富士の地理と地質』、富士研究シリーズⅤ、名著出版復刻、一九七三年。

竹内理三、『平安遺文』（第一巻）、東京堂、一九四七年。

野中　至、『富士案内』、春陽堂、一九〇一年。

宮地直道、「新富士火山の活動史」、地質学雑誌、九四、四三三―四五二、一九八八年。

武者金吉、『増訂大日本地震史料』（全三巻復刻版）、文部省震災予防評議会編、鳴鳳社、一九七五年。

武者金吉、『日本地震史料』、毎日新聞社、一九五一年。

富士市教育委員会、『鷹岡町史』、一九八四年。

富士急行、『富士山』―富士山総合学術調査報告書、富士急行株式会社創立四五周年記念出版、一九七一年。

渡辺正臣、『富士山・富士五湖』、ブルーガイドブック12、実業之日本社、一九七九年。

本文写真――産経新聞社提供

著者略歴―――都司　嘉宣（つじ　よしのぶ）

東京大学理学系大学院地球物理専攻、修士課程修了。理学博士。

国立防災科学研究所研究員。

東京大学地震研究所准教授、平成24年3月定年退官。

現在は、深田地質研究所客員研究員。

研究分野は津波、古地震。大検・高認試験の研究指導。

著書として『千年震災』（ダイヤモンド社）、『知ってそなえよう！　地震と津波―ナマズ博士が教えるしくみとこわさ』（知の森絵本、素朴社）、『歴史地震の話　語り継がれた南海地震』（高知新聞社）、『しまりすの親方式高認全科目学習室（3訂版）』（学びリンク、2013年9月）などがある。

富士山噴火の歴史――万葉集から現代まで

2013年11月11日初版発行

著者――――都司嘉宣
発行者――――土井二郎
発行所――――築地書館株式会社
東京都中央区築地7-4-4-201
〒104-0045
TEL03-3542-3731
FAX03-3541-5799
ホームページ=http://www.tsukiji-shokan.co.jp/
振替00110-5-19057
印刷・製本――――シナノ印刷株式会社
装丁――――Boogie Design

ISBN 978-4-8067-1465-1　C0044